Für Lena

GIANLUCA ZAGHI

VINTAGE RÄDER

WIE SIE ALTE FAHRRADSCHÄTZE AUFSPÜREN UND RESTAURIEREN

Aus dem Italienischen

von Michaela Heissenberger

covadonga

CILO
BROOKLYN
CHEWING GUM

INHALT

BROOKLYN
CHEWING GUM

VORWORT

VOM STOLZ, ITALIEN WIEDER ZUM MITTELPUNKT DER RADSPORTWELT GEMACHT ZU HABEN

Giancarlo Brocci

—

Schöpfer und Gründer der Eroica

Meine Liebe zum Radsport stammt aus der Zeit kindlicher Kronkorkenrennen und der Siege Vittorio Adornis, doch in meiner Jugend war das die Leidenschaft eines *Fans* und Lesers, nicht die eines Fahrers: viel zu gefährlich für ein Einzelkind von zarter Gesundheit.

Ich habe früh damit begonnen, Radrennen zu organisieren, aber die Eroica entstand, als ich mich noch nicht einmal zu den Aktiven zählen durfte. Am Ende des vergangenen Jahrtausends machte ein Kreuzbandriss meine letzten, bescheidenen fußballerischen Anwandlungen zunichte und ich begann, Rennrad zu fahren. Ohne Ehrgeiz, mit der gesunden Einstellung dessen, der weiß, dass ihm Wettkampferfolge verwehrt sind, doch schon bald in dem Bewusstsein, dass mir das Rennrad unerwartet viel geben konnte, angefangen bei Schüben von Selbstbewusstsein und deutlich mehr Wohlbefinden. Und schließlich gibt es nur eines, das mit dem Alter besser wird: das Durchhaltevermögen, das Talent der Radfahrer mit dem langen Atem.

Das ist aber nur der Auftakt für eine besondere Geschichte und für den Geist dieses wunderschönen Buches. 2003, drei Jahre, nachdem ich mich – langsam, versteht sich – an verschiedene Gran Fondo herangewagt hatte, beschloss ich, das Abenteuer Paris–Brest–Paris anzugehen, die Olympiade der Randonneure, die schon mit den Brevets beginnt, die als Qualifikation nachzuweisen sind. Bereits auf der Anreise nach Paris lernte ich einen Ingenieur aus Castelfiorentino kennen, der mich und den mitfahrenden Freund schließlich die ganzen 1.225 Kilometer lang begleitete. Auf diesem langen Weg haben wir uns über alles Mögliche unterhalten, und der Radsport war nicht einmal das Hauptthema in diesen verbrüdernden Nächten, in denen wir Fahrradrücklichtern nachfuhren wie im Dunkeln leuchtenden roten Glühwürmchen. Dieser Ingenieur kannte bereits die Eroica und ihren Erfinder – damals noch eine kleine Sache, ein Nischen-Phänomen, würde man heute sagen – und er schlug mir vor, ihn zu besuchen. Dessen Mechaniker nämlich habe einen Schuppen voller alter Fahrräder, den er räumen wolle, weil er ihn gut vermieten könne. Kaum mehr als zehn Tage nach unserer Heimkehr, noch stolz auf unsere titanischen 77 Stunden und sieben Minuten bis zur triumphalen Einfahrt in Paris, rief ich an, um ihn und seinen Mechaniker zu besuchen. »Zu mir kannst du kommen, wann du willst«, sagte er, »für die Fahrräder ist es zu spät, er hat sie alle zersägt, weil er den Platz brauchte.« Das war 2003 – und es ist, als wäre ein Jahrhundert vergangen. Damals war die Eroica gerade erst geboren; seitdem hat die Idee und die Kultur, die sie verbreitet hat – erst ganz allmählich, dann, als die Medien einstiegen, mit Macht –, die Rettung eines historischen Erbes ermöglicht. Andere können vielleicht besser als ich erzählen, was wir alles entdeckt haben in diesen letzten Jahren und in der ganzen Welt. Meine letzte Eroica war die in Japan, wo ich in heiligen Schriften über die Geschichte der Gangschaltung blättern durfte, die unbedingt übersetzt werden müssen, da es sie nur auf Japanisch gibt, als Frucht der Leidenschaft lokaler Sammler.

Dazugekommen sind auch all die Verkäufe über das Internet, die Versteigerungen und – natürlich – auch die Fälschungen. Es ist schwer einzuschätzen, wie viele Räder von Bartali und Coppi seither aufgetaucht sind oder wie viel manche Preise noch mit dem tatsächlichen Wert eines Stückes zu tun haben. Mit Sicherheit wird das, was die Eroica wieder aufgewertet hat, heute als Kulturerbe betrachtet. Und die Tatsache, dass Italien, die Geschichte der italienischen Champions und italienische Handwerkskunst, das Zentrum dieses Kulturerbes bilden, macht uns alle stolz.

EINLEITUNG

ALLES WICHTIGE IN MEINEM LEBEN VERDANKE ICH DEM FAHRRAD

Mike Wolfe

—

Sammler von Vintage-Fahrrädern und internationaler Fernsehstar dank seiner TV-Serie *American Pickers – Die Trödelsammler*

Meine erste Reaktion, als Gianluca mich fragte, ob ich einleitende Worte zu diesem Buch beisteuern könne, war eine Absage: Was sollte ich hinzufügen können, was diese wunderbaren Fotos nicht schon sagten?

Doch das Fahrrad ist Teil meines Lebens, seit ich denken kann. Eine alte Rostlaube fiel mir ins Auge, als ich fünf war – das erste Omen für ein Leben im Zeichen des Fahrrads. Am Morgen nützlich, um in die Schule zu fahren, am Nachmittag unzertrennliche Gefährtin großer Abenteuer: Bereits in dieser Zeit wurde das Fahrrad allgegenwärtig in meinem Leben. Nicht nur als Verkehrsmittel, sondern als Element, das alle entscheidenden Momente geprägt hat.

Deshalb habe ich dann doch zugesagt. Zugesagt, die Leser zu ermuntern, sich hineinzubegeben. Nicht in meine Geschichte, sondern in die von Gianluca. Ich entbiete hier nur den Willkommensgruß.

Ende der 1970er Jahre konnte sich das Leben eines Vierzehnjährigen aus Bettendorf, Iowa, nur um Mädchen, Football, Fahrräder und Musik drehen. Ich war klein und schmächtig, so dass Football und Mädchen erst gar nicht in Frage kamen. Doch ich hatte diese Leidenschaft für Fahrräder, die mit kleinen Basteleien in der Freizeit begann und sich irgendwann zur ausschließlichen Besessenheit eines Nerds auswuchs. Jeden gesparten Cent und jede freie Minute nutzte ich, um mir Komponenten für mein echtes italienisches Rennrad zu besorgen. Mit seiner originalen Campagnolo-Schaltgruppe war es sexy, exotisch, leistungsstark. Im Sattel dieses Fahrrads fühlte ich mich als Rennfahrer, als Athlet, als Protagonist eines romantischen Heldenepos. Mit dem RAGBRAI (Register's Annual Great Bicycle Ride Across Iowa) fuhr ich einmal quer durch Iowa. Ich war der Held meiner persönlichen Version von *Breaking Away*. Hier kam mir mein Körperbau zugute. Ich konnte fliegen.

Seit damals ist jedes Mal, Jahr für Jahr, wenn mein Leben eine neue, unerwartete Wendung erfährt, ein Fahrrad im Spiel. Und es gibt Millionen von Menschen, denen es, wenn sie darüber nachdenken, ähnlich ergeht wie mir.

Wer sich der Welt historischer Rennräder erstmals nähert, kann in diesem wunderbaren Buch staunend dem Weg folgen, den Gianluca mit seinen unvergleichlichen Rädern zurückgelegt hat. Altgediente Liebhaber hingegen werden über diesen Bildern den Genuss wiedererleben, den es bedeutet, auf diesen magischen Maschinen dahinzufliegen.

MEIN EINSTIEG

CILO
BROOKLYN
CHEWING GUM
L'Eroica

Oben und auf der vorhergehenden Seite: Gianluca Zaghi bei der Arbeit in seiner Werkstatt.

Es könnte viele Gründe geben, warum Sie in diesen Seiten blättern. Unlängst wurde das Fahrrad 200 Jahre alt – vielleicht hat Sie das bewogen, dieses Buch in die Hand zu nehmen. Oder Sie haben im Keller ein altes Rad gefunden, das Sie restaurieren wollen. Vielleicht sitzen Sie jeden Tag auf dem Rennrad und haben Ihr Interesse seit kurzem auf historische Räder ausgedehnt. Oder Sie sind nur neugierig und lieben das Schöne. Oder Sie lieben die Fotografie. Oder aber Sie machen sich einfach gern die Hände dreckig. Was auch immer Ihre persönliche Motivation sein mag: Die Welt, der Sie sich hier nähern, ist eine besondere.

Seit einigen Jahren erleben wir einen Boom des Fahrrads, der ein Goldenes Zeitalter einzuläuten scheint. Diese Veränderung ist in den Städten wahrnehmbar, in den Gewohnheiten der Leute, in der Gesellschaft. Verkehr und Umweltverschmutzung, Benzinpreis und Wirtschaftskrise, aber auch eine verantwortungsbewusstere Politik, die auf nachhaltige Mobilität setzt, haben eine Revolution in Gang gesetzt, die sich der Wiederentdeckung der Langsamkeit verschrieben hat. Um es mit dem französischen Soziologen Marc Augé zu sagen: »Das Fahrrad ist der Zaubertrank, mit dem der Westen sein Glück in den Städten wiederfinden kann.« Eine Aussage, der ich mich ganz und gar anschließe.

2016 hat in einigen Ländern die Zahl der verkauften Fahrräder zum ersten Mal die der verkauften Neuwagen übertroffen – das Zeichen eines tiefgreifenden gesellschaftlichen Wandels, in dem das Zweirad eine entscheidende Rolle spielt. Im Fernsehen, in den Printmedien, im Film… überall sind Fahrräder zu sehen. Fahrradfahren ist trendy.

Das Fahrrad hat von Anfang an eine gesellschaftliche Rolle gespielt, doch heute scheint mir seine Bedeutung noch zuzunehmen und beeinflusst mittlerweile auch die Entscheidungen der Stadtplaner. Die inner- und außerstädtische Infrastruktur wird um Fahrradwege ergänzt und langfristig denkende Politiker und Architekten planen den Umbau der Welt, in der wir uns bewegen, im Hinblick auf die Fortbewegung auf zwei Rädern. Man denke an Norman Foster und seine Idee eines Fahrrad-Highways quer über die Londoner Innenstadt. Heute vielleicht noch eine Utopie, aber in Zukunft? *Bike-itecture*, also die Idee einer fahrradgerechten Urbanistik, ist in vielen Ländern bereits Realität und wird es auch hier werden.

Das Fahrrad ist ein einfaches Transportmittel, das sich jeder leisten kann, und doch hat es etwas Magisches – vielleicht weil es für jeden von uns mit Kindheitserinnerungen verbunden ist. Der Rausch, auf zwei Rädern das Gleichgewicht zu halten, das Gefühl der Freiheit und Unabhängigkeit, der Wind im Gesicht: All diese Emotionen sind unauflöslich mit der ersten Runde auf diesem wunderbaren Gerät verbunden.

Geburt einer Passion. Wir leben in einer »fließenden« Welt, in der es immer schwieriger wird, etwas festzuhalten und zu genießen. Wir sind immer in Bewegung und haben das Gefühl, nie anhalten zu dürfen. Wir haben unserer Hände Arbeit mit der Arbeit eines einzigen Fingers getauscht, und so scrollt das Leben vor uns dahin, ohne dass wir seine Momente zu schätzen wüssten. Von allen Seiten bombardiert, schließen wir nichts mehr ins Herz, zeigen selten Gefühle oder Verwunderung, ist uns alles egal.

Es gibt ein Gegenmittel, und das ist die Leidenschaft. Doch die Leidenschaft fordert Liebe, Hingabe, Beständigkeit, sie will gepflegt werden. Sie erfordert Beteiligung, Anstrengung und Einsatz, und vor allem Zeit. Dann tut die Leidenschaft gut, selbst wenn sie in Besessenheit ausartet.

Ich persönlich habe diese Leidenschaft im Fahrrad gefunden, und dass ich schließlich einen Beruf daraus gemacht habe, ist zweitrangig. Für mich ist und bleibt es vor allem eine Leidenschaft, weil etwas mit Leidenschaft zu tun jede Anstrengung leicht erscheinen lässt.

Zur Restaurierung alter Räder bin ich durch Zufall und in gewissem Sinne aus Notwendigkeit gekommen. Vor einigen Jahren, als ich ohne Arbeit und also mit viel Freizeit gesegnet war, nahm ich die Einladung eines Freundes an, ihn auf seinen täglichen Rennradtouren zu begleiten. Ich besaß damals kein Fahrrad und konnte mir gewiss nicht leisten, ein neues zu kaufen. Also riet mir derselbe Freund, nach einem gebrauchten zu suchen, und so erstand ich kurz darauf für wenig Geld im Internet ein Moser-Rennrad. Mehr noch als das Rad hatte mich der Name angezogen: Als ich ein Kind war, war Francesco Moser mein Idol; den Radsport entdeckte ich Ende der 1970er, als ich ihn im Fernsehen dreimal hintereinander Paris–Roubaix gewinnen sah.

Als das Rad endlich bei mir ankam, betrachtete ich es stundenlang voller Bewunderung. Mir war sofort klar, dass ich es mit wenigen Handgriffen ästhetisch aufbessern konnte, und das war der Funken, der die Idee der Restaurierung in mir entflammte. In den folgenden Monaten entdeckte ich eine mir bis dahin unbekannte Welt voller außerordentlicher Persönlichkeiten, Geschichten und verstaubter Schätze.

Ich hatte meine Leidenschaft entdeckt, und ich hoffe, dass sie ansteckend ist.

ERZÄHLWERT UND SCHÄTZWERT

1

ROMANETTE

ARTEN VON FAHRRÄDERN

- TOURENRAD
- RENNRAD
- ZEITFAHRRAD
- MOUNTAINBIKE

Vorhergehende Seite:
Carlo Zanotta, die Seele der Tessiner Amateurradsportgruppe CAT, im Molteni-Trikot.

Im Laufe einer Restaurierung gibt es viele begeisternde Momente. Einer davon ist die Suche nach einem besonderen Fahrrad. Diese Art von »Jagd« ist eines der Dinge, die mir am meisten Spaß machen, ich fühle mich dann wie Indiana Jones auf der Suche nach dem verlorenen Schatz. Da ich neugierig bin, habe ich immer schon gern im Gerümpel von Garagen oder Dachböden gewühlt, um das eine, von Staub oder Rost bedeckte Juwel zu entdecken, von allen vergessen, aber bereit, aufgespürt und gerettet zu werden. Ich gestehe, die Fundgeschichte mancher Fahrräder war interessanter und spannender als die Entdeckung selbst.

Geschichten vom Suchen und Finden. Ein weiterer Aspekt, den ich liebe, sind die Geschichten, die hinter jedem Fahrrad stehen. Mit der Arbeit, die ich mache, habe ich das Glück, eine Menge interessanter Menschen kennenzulernen, besondere Menschen, die das Fahrrad lieben. Viele von ihnen sind kostbare Quellen für Informationen, die anderswo kaum zu finden sind, sie hüten ein historisches Vermächtnis, das ebenso zu bewahren ist wie die Fahrräder.

Manchmal reicht wenig, um eine Geschichte zutage zu fördern. Zum Beispiel ein einfaches Trikot. So erging es mir, als ich eines fand, das im Dialekt der Gegend bedruckt war, in der ich lebe, im italienischsprachigen Schweizer Kanton Tessin: »I girin da la dumeniga« (etwa: »Die Sonntagsradler«). Offensichtlich ein Amateurverein. Der Name machte mich neugierig, so dass ich anfing, die lokalen Radsportclubs zu recherchieren und nach einigen Monaten auf CAT stieß, »Ciclismo Amatoriale Ticinese«. Auf diese Fährte führte mich ein Wolltrikot, das ich oft in den Fahrradwerkstätten und -läden hängen sah, die ich für meine Arbeit besuche. Die Neugier, mehr zu erfahren, und die Hartnäckigkeit ließen mich eine weitere Entdeckung machen. Wenn sie von diesem Radsportverein erzählten, erwähnten all die ehemaligen Rennfahrer und Mechaniker oft einen gewissen Herrn Zanotta, der wohl Herz und Seele des Vereins gewesen war (und von dem man sich erzählte, dass er auch beim Schlafen sein Wolltrikot und seine Rennmütze anbehielt!). Ich entdeckte, dass er eine erkleckliche Zahl von Rädern gesammelt hatte, allesamt sehr besonders, und mit den Informationen, die ich erhalten hatte, und ein wenig Glück gelang es mir, etwa zehn Meisterwerke aus seiner fantastischen Sammlung aufzuspüren. Alles Qualitätsräder, beispielhaft für die herausragende italienische Produktion der 1970er und 1980er Jahre, Marken wie Colnago, De Rosa, Magni, Moser, Motta, Benotto oder Freschi. Es war mir eine Ehre, sie zu finden und einer konservativen Restaurierung zu unterziehen. Hand an solche Meisterwerke zu legen, war eine Lektion in Design und Geschichte der großen italienischen Fahrradkonstrukteure jener Zeit.

Neugier und Wissensdurst sind unverzichtbare Voraussetzungen für solche Entdeckungen.

Eine weitere einzigartige und exzentrische Persönlichkeit, an die ich mich mit Freuden erinnere, ist Herr Vassalli, ein genialer alter Mann mit einer großen Zweirad-Leidenschaft. Er wurde mir von einem befreundeten Radsportler vorgestellt, und als ich ihn in seinem Haus besuchte, stellte ich fest, dass es eine Art Museum war: Fahrräder, Motorräder, Roller und Dreiräder türmten sich in jeder Ecke. Er bot mir sehr freundlich einen Kaffee an, und bevor er mir seine Glanzstücke in echt zeigte, präsentierte er sie mir auf Fotos, die sorgfältig in kleine Alben geklebt waren. Ich war beeindruckt von der Leidenschaft, mit der er mir seine Räder beschrieb, noch bevor ich sie sehen durfte. Obwohl er schon über siebzig war, hatte er die Augen eines glücklichen Kindes, als er mir von seinem Interesse erzählte. Er wachte eifersüchtig über seine Sammlung und überlegte, ein Museum daraus zu machen. Er führte mich durch das ganze Haus und zeigte mir, was er über die Jahre zusammengetragen hatte: Alle Zimmer und die Garage waren vollgestopft mit Fahrrädern, scheinbar kunterbunt durcheinander und ohne Logik, doch liebevoll aufbewahrt und oft mit großen staubigen Decken und Leintüchern verhängt. Jedes Mal, wenn er eine dieser Hüllen anhob, eröffnete sich mir eine neue Welt. Unter einer dicken Staubschicht entdeckte ich einen Sattel mit dem Namen meiner Stadt und fragte höflich, ob ich ihn vielleicht haben könnte. Am Ende unserer Begegnung fand ich ihn zu meinem Erstaunen in meinem Auto vor.

Ein anderes Mal führte mich ein Decal zu einer kuriosen Geschichte. Ich war auf einen Rahmen gestoßen, der die Aufschrift »Tarantella« trug. Zunächst achtete ich nicht sehr auf diesen Namen, doch er hörte nicht auf, mir im Kopf herumzugehen. Ich begann, Freunde und Ex-Rennfahrer danach zu fragen, bis mir schließlich einer von ihnen, ein ehemaliger Semiprofi, die Geschichte dahinter erzählen konnte, die dann auch andere bestätigten. »Tarantella« war der Name eines Tessiner Nachtclubs, der von Profis und Amateuren gern besucht wurde, so dass der Besitzer sich schließlich entschlossen hatte, eine semiprofessionelle Mannschaft zu sponsern.

Oben: Originaltrikot des Amateurradsportvereins »I girin da la dumeniga«; auf dem Foto Gino Bartali in einem anderen Trikot des Vereins.

Rechts: Blick in die Werkstatt des Autors.

4741
CAT EYE
VELOX
GREY
WHITE
STRAPS

CYCLES
LUGANO
TRADE MARK
Zanotta

MAVIC
MOZZI
TARANTELLA
TARANTELLA
MAVIC

Manchmal steckt hinter einem simplen Aufkleber eine ganze Geschichte, ein anderes Mal führt eine banale Unterhaltung zur Wiederentdeckung eines Meisterwerks. So war es bei dem orangen Colnago von 1976, das ich erhielt, nachdem ich einer Freundin von meiner Leidenschaft erzählt hatte. Ihr Vater hatte noch dieses Schmuckstück im Keller und – so etwas ist wirklich selten – er hatte sogar den originalen Kaufbeleg aufbewahrt!

Es geht noch verrückter. Eines Tages bot mir der Besitzer einer der verschiedenen Fahrradwerkstätten und -läden, mit denen ich zusammenarbeite, ein altes, blassgrünes Priori zum Kauf an. Das Rad war in akzeptablem Zustand, und gleich, als ich zu Hause war, machte ich mich an die Arbeit, um es herzurichten. Am folgenden Morgen fuhr ich los, um Material einzukaufen, und als ich an der Ampel stand, bemerkte ich einen Pick-up, auf dessen Ladefläche zusammen mit anderen Dingen, die nach Umzug aussahen, auch ein Rennrad verstaut war. An der nächsten Ampel fuhr ich neben ihn und fragte den Fahrer, ob das Fahrrad vielleicht zu verkaufen sei. Es war nur ein Stück des Lenkers zu sehen, doch genug, um zu ahnen, dass es ein Qualitätsprodukt war – er war mit Leder bezogen, ein typisches Zeichen für eine hochwertige Ausstattung. Auf einem Parkplatz wurden wir uns über den Preis einig und ich lud das Rad in meinen Wagen um. Es war noch ein Priori, diesmal blassblau, und ich dachte noch, es sei ein ganz schön seltsamer Zufall, zwei so ähnliche Räder in zwei Tagen zu finden. Ich staunte noch mehr, als ich die Geschichte meinem besten Freund erzählte und sich herausstellte, dass das blassblaue fast sicher das Rennrad seines Vaters war, das die Mutter kurze Zeit vorher zum Recyclinghof gebracht hatte.

Da dachte ich zum ersten Mal, dass, wenn ich auf die Jagd gehe, eine ganz besondere Energie wirksam wird… Eine Bestätigung dessen erhielt ich noch am selben Abend. Als ich in meinem Stammrestaurant beim Essen mit dem Besitzer plauderte, erzählte ich auch ihm die Geschichte der zwei

Unten: Florio Cappelletti, in den 1930er Jahren Besitzer einer bekannten Fahrradwerkstatt in Mendrisio (Schweiz).

Rechts: Das von Florio (Mitte) gesponserte Radsportteam.

1936. Gruppo Florio Mendrisio.

Priori-Räder. Seine Schwester, die in der Nähe saß, hörte zu und sagte schließlich, auch ihr Vater habe noch eines im Keller stehen. Ich dachte, sie wollte mich auf den Arm nehmen, aber dann wurde mir klar, dass sie es ernst meinte. Also holte ich ein paar Tage später mein drittes Priori ab, diesmal in gelb. Und eindeutig das schönste von den dreien.

Ein guter Freund namens Walter, ein sehr leidenschaftlicher Sammler von historischen Rennrädern, besuchte mich eines Morgens mit einem Cinelli aus den 1960er Jahren, das er gerade ganz in meiner Nähe entdeckt hatte. Ich war verblüfft, vor allem weil es mir in vier Jahren Suche nicht gelungen war, ein Exemplar dieser Marke aufzutreiben. So war ich bezaubert von der Schönheit des Rads und zugleich neidisch und ein wenig sauer auf mich selbst, weil nicht ich es gewesen war, der es fand. Eine dumme Einstellung, das gebe ich zu, die jedoch genau besehen zu dem Glückstreffer führte, den ich danach landen konnte. Ich telefonierte alle ehemaligen Rennfahrer durch, die in meinem Adressbuch standen, um herauszufinden, ob einer noch ein vergessenes Cinelli irgendwo im Keller stehen hatte – und tatsächlich bestätigte mir einer von ihnen, dass er eines habe, das seit Jahren in der Garage verstaube. Am selben Tag noch fuhr ich zu ihm und war fassungslos, als ich zwischen einem Dutzend vertikal aufgehängter Fahrräder, ein wenig zusammengequetscht, um Platz für zwei Autos zu schaffen, ein praktisch makelloses Cinelli Laser Strada fand. Mit einem Hauch von Stimme fragte ich, ob es zu verkaufen sei. Der Ex-Rennfahrer meinte, da müsse er seinen Sohn fragen, und ich dachte schon: aus der Traum, *addio Cinelli.* Doch zu meiner enormen Verwunderung war der Sohn mit dem Verkauf einverstanden. Auf dem Heimweg, mit dem Rennrad im Auto, überlegte ich, wie unvorhersehbar das Leben doch ist…

Wir leben in einer vollvernetzten Welt, pausenlos bombardiert von Bildern und Geschichten aller Art, die durch die sozialen Netzwerke in Echtzeit wiedergegeben und verbreitet werden. Es ist nicht zu leugnen, dass all diese Informationen dazu beitragen, unser Wissen zu erweitern, und besonders wenn unsere persönlichen Interessen angesprochen sind, reicht ein einziges Foto, um endlose Diskussionen, Meinungen, Kommentare auszulösen. Vor nicht allzu langer Zeit stieß ich in einem sozialen Netzwerk auf ein Foto, das ein kalifornischer User gepostet hatte und ein Radsportteam der 1930er Jahre namens Ciclo Florio zeigte. Ich erkannte das Bild sofort, da ich es für eine der schönsten Fotografien aus der Geschichte des Radsports in meiner Gegend halte. Ciclo Florio war in den Dreißigern ein Fahrradladen in Mendrisio, nicht weit von dort, wo ich lebe. Neugierig, wie jemand aus Kalifornien an ein solches Foto kommt, studierte ich sein Profil und entdeckte, dass er Judd Cappelletti heißt und ein Enkel jenes Florio Cappelletti ist, dem das Geschäft damals gehörte. Überrascht von diesem Zufall, kontaktierte ich Judd und wir plauderten lange über seinen Großvater und den Radsport im Allgemeinen. Es war faszinierend, was er mir erzählte: Sein Opa hat ihm einen Koffer voller Geschichte hinterlassen, voller Erinnerungen und Schätze; die Memoiren eines Lebens, das ganz dem Fahrradbau und dem Radsport gewidmet war. Fotografien, Patente, Quittungen… außerdem Steuerkopfschilder, Decals, Lackmuster, alles original aus den 1930er und 1940er Jahren, Materialien, die Judd mit Liebe

Das Cinelli Laser Strada
von 1983.

Steuerkopfschilder und Aufkleber von Ciclo Florio, die mir Florios Enkel Judd schickte, der in Kalifornien lebt.

Seiten 28-31: Ein Benotto aus den 1930er Jahren, Beispiel für eine konservative Restaurierung.

aufbewahrt und die er nun großzügig beschlossen hatte, mit der Welt zu teilen, indem er eine eigene Website dafür einrichtete (*www.cicloflorio.com*). In Mendrisio findet sich heute keine Erinnerung mehr an jenen kleinen Laden, und was Judd in seinem Koffer in Kalifornien hütet, ist ein einzigartiges und kostbares Zeugnis der heroischen Ära des Radsports. Ganz nebenbei hat mir Judd freundlicherweise drei originale Steuerkopfschilder und einige Reproduktionen der alten Decals geschickt.

Eine weitere wichtige und bedeutsame Bekanntschaft, die ich im Netz machte, war die mit Helio Ascari von Ascari Bicycles. Als ich damit begann, die Ergebnisse meiner Restaurierungsarbeiten in den sozialen Netzwerken zu veröffentlichen, wollte ich, dass die Fotos nicht nur meine Arbeit zeigen, sondern auch einen ganz bestimmten Stil verkörpern, dass sie nichts weniger als meinen Arbeitsalltag darstellen, der geprägt ist von der Leidenschaft für dieses Metier. Dabei habe ich mich von vielen anderen Usern inspirieren lassen, die ich bewunderte, darunter Helio Ascari. Und es war lustig zu entdecken, dass die Bewunderung eine gegenseitige war…

Helio ist ein Beispiel dafür, wie die Leidenschaft für historische Fahrräder über das Restaurieren und Sammeln hinausgehen kann: Er baut neue Fahrräder, doch mit größter Sorgfalt für das Detail und einer einzigartigen Nähe zu den Fahrrädern früherer Zeiten.

Das sind nur zwei kleine Beispiele dafür, wie sehr auch das Internet zu einem unverzichtbaren Instrument für die Informationsbeschaffung und die Perfektionierung von historischen Fahrrädern geworden ist.

Oben: Ein Masi Ferretti Team, so wie es gefunden wurde.

Rechts: Beispiel für den Ausgangszustand eines Vorderrads.

Beurteilung des Ausgangszustands. Eine der wichtigsten Maßnahmen zu Beginn einer Restaurierung, die jedoch oft unterschätzt oder gar vergessen wird, ist die sorgfältige Beurteilung des Ausgangszustands des Fahrrads. Eine eingehende Untersuchung seines Erhaltungszustands ist grundlegend für die Einschätzung, was an Arbeit, Zeit und Kosten auf uns zukommt, und erspart uns unangenehme Überraschungen, die zur Unterbrechung der Arbeit führen könnten. Und da alte Fahrräder überwiegend in engen, schlecht beleuchteten Winkeln zu finden sind, ist es wichtig zu wissen, worauf man achten und wohin man schauen sollte.

Zuallererst versuchen wir, das Produktionsjahr zu erfahren. Die Kriterien unterscheiden sich, je nachdem, ob wir vor einem Rad aus den 1930er Jahren oder einem aus den Achtzigern stehen. Bei sehr alten Rädern ist zu erwarten, dass der Zustand des Rahmens gerade noch akzeptabel erscheint, besonders was den Lack betrifft, während sich ein jüngeres Rad in einem insgesamt deutlich besseren Zustand befinden sollte. Wenn wir das Alter einigermaßen genau geschätzt haben, unterteilen wir das Rad in zwei große Bereiche, den Rahmen und die Komponenten, und beginnen mit der methodischen und aufmerksamen Prüfung aller Teile.

Der Rahmen. Zunächst prüfen wir, ob grobe Schönheitsfehler vorhanden sind, also mit bloßem Auge erkennbare Schäden wie Schrammen oder Risse. Dann schauen wir, ob die Geometrie ungefähr stimmt (für eine exakte Beurteilung bräuchten wir eine Rahmenlehre). Wir versuchen herauszufinden, ob der Rahmen Stöße abbekommen hat, vor allem vorne. Ob die Gabel beschädigt ist, lässt sich meist auf einen Blick erkennen. Dazu ist es sinnvoll, den Lenker einzuschlagen und das Vorderrad anzustoßen und drehen zu lassen.

Dann kontrollieren wir einige sensible Stellen, etwa, soweit vorhanden, geschweißte Aufnahmen für Züge, Umwerfer und Schaltwerk, ebenso das Tretlagergehäuse, die hinteren Ausfallenden und das obere Ende des Sattelrohrs, wo zu prüfen ist, ob der Klemmschlitz für die Sattelstütze oder die Klemmung Schäden aufweisen.

Nach der strukturellen Prüfung kommen wir zur Ästhetik, also zunächst dem Zustand des

Lacks. Zu wissen, ob der Rahmen neu lackiert werden muss, ist wichtig für die Berechnung der Kosten. Wir suchen das gesamte Rad auf Kratzer, Rost, abgeblätterten Lack und Bläschen ab, dabei sollten wir auch daran denken, es umzudrehen. Empfindliche Oberflächenbehandlungen wie Cromovelato und Vernickelungen kontrollieren wir auf die typischen Entfärbungen und stumpfen Stellen. Dasselbe gilt für verchromte Partien, wo oft der meiste Rost zu finden ist; dieser kann nur oberflächlich sein oder aber das Metall ernsthaft angegriffen haben.

Nach dem Zustand des Lacks beurteilen wir den der Decals. Diese prägen das Erscheinungsbild des Rads ganz entscheidend, so dass ihr Zustand wesentlich für den Gesamteindruck ist. Wir stellen also sicher, dass sie nicht abgeschabt oder durch Wärme oder Feuchtigkeit abgelöst sind, und kontrollieren ihre Übereinstimmung mit Marke und Modell des Fahrrads, denn nicht selten stößt man auf Ungereimtheiten, die auf frühere Restaurierungsversuche zurückgehen.

Kratzer, die nicht über normale Gebrauchsspuren hinausgehen, und eine gewisse Patina auf dem Lack werden allgemein als akzeptabel angesehen und tragen zu jenem Vintage-Effekt bei, den ich persönlich schätze. Im Zweifel ist es meist besser, sich nicht vorschnell für eine Neulackierung zu entscheiden, sondern mit dem endgültigen Urteil zu warten, bis das Rad auseinandergebaut ist, die einzelnen Teile begutachtet wurden und vor allem alles gründlich gereinigt ist. Mehr als einmal habe ich mich nach der Reinigung, die wahre Wunder wirken kann, noch umentschieden.

Außer dem Rahmen ist die Untersuchung der Laufräder wichtig, die ästhetisch eine große Rolle spielen. Wir prüfen, ob Vorder- und Hinterrad einander entsprechen und den Zustand der einzelnen Bestandteile: Felgen, Speichen, Naben, Schnellspanner und Reifen. Denken Sie daran, dass, wenn diese Teile ausgetauscht werden müssen, korrekter Ersatz nicht immer einfach zu finden ist. Insbesondere die Speichen sollten kontrolliert werden, ob welche fehlen und in welchem Zustand sie sich befinden. Wenn sie verrostet sind, sieht das meist so hässlich aus, dass sie ersetzt werden müssen. Um die Funktion der Laufräder zu testen, lassen wir sie drehen, möglichst nachdem wir sie ausgebaut haben, um zu sehen, ob sie beschädigt oder einzustellen sind.

Mit der Begutachtung von Rahmen und Laufrädern dürften wir uns bereits eine gewisse Vorstellung vom Gesamtzustand des Rads gemacht haben. Nun sollten wir uns noch die Komponenten ansehen.

Die Komponenten. Bevor wir den ästhetischen und funktionalen Zustand der Komponenten eines Rads beurteilen, sollten wir ihre historische Stimmigkeit überprüfen, also ob die einzelnen Teile original sind, aus der Herstellungszeit des Fahrrads stammen oder aber später ersetzt wurden. Dafür ist eine zumindest grobe Kenntnis der Marken und der im Laufe der Zeit in den Handel gelangten Gruppen notwendig – ein Wissen, das sich mit der Zeit und der Erfahrung erwerben lässt. Diese historische Einschätzung ist entscheidend, wenn man eine konservative Restaurierung plant, während sie natürlich sehr viel weniger wichtig ist, wenn die Restaurierung »kreativ« sein darf.

Die Untersuchung der Komponenten kann in zwei Phasen unterteilt werden. In der ersten konzentrieren wir uns auf Teile aus verschleißenden Materialien wie Gummi, Stoff, Leder und eventuell Holz. Wir überprüfen den Zustand von Zughüllen, Sattel, Lenkerband, Bremsklötzen, Riemen der Hakenpedale und eventuell von Taschen und Holzfelgen. In der zweiten Phase werden die Eisen-, Stahl- und Aluminiumteile begutachtet, wobei zum einen auf Rost und den Zustand der verchromten Teile geachtet werden muss, zum anderen auf Oxydation, den Zustand der Eloxierung und eventuell vorhandene Risse.

Dabei ist die ästhetische Einschätzung relativ einfach für jeden vorzunehmen, ein wenig komplizierter ist die Einschätzung des funktionalen Zustands.

Ein empfindliches Teil ist die Sattelstütze. Ist sie verrostet oder oxydiert oder wurde sie nicht regelmäßig gefettet, kann es sehr schwierig werden, sie herauszuziehen.

Um die Funktion des Steuersatzes zu beurteilen, ist es sinnvoll – weil es bei einer ersten Begutachtung kaum möglich sein wird, ihn zu zerlegen, um in Ruhe den Zustand der Kugeln und Lager zu prüfen –, das Vorderrad auszubauen und die Gabel nach rechts und links zu drehen, um zu hören, ob sie sich leicht bewegen lässt oder Widerstände spürbar werden. Dasselbe gilt für das Tretlager, bei dem wir uns darauf beschränken, die Kurbel zu drehen, nachdem wir die Kette abgenommen haben, und für die Pedale, wobei wir auf mögliche Blockaden oder ein Ruckeln der Lager achten. Bei den Pedalen ist auch zu kontrollieren, ob die Endkappen fehlen, die nicht einfach wiederzubeschaffen sind. Einen Blick sollten wir auch auf die Kette werfen, auch wenn sie normalerweise so verschlissen oder verrostet ist, dass sie ersetzt werden muss.

Eine weitere wichtige Komponente, die zu prüfen ist, ist der Freilauf: Um festzustellen, ob er leichtgängig funktioniert und dabei sein typisches

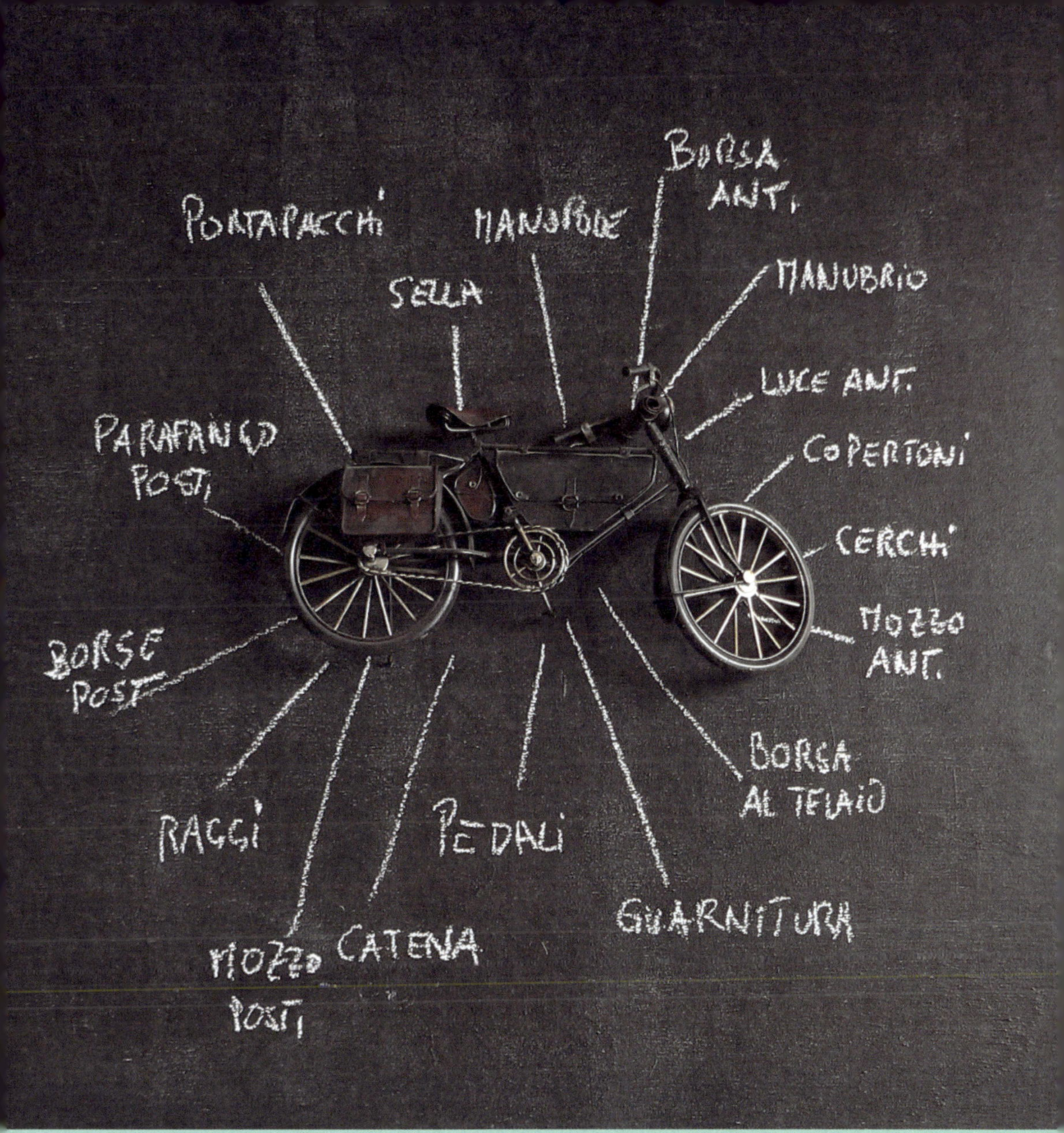

GRUNDKOMPONENTEN EINES FAHRRADS

(im Uhrzeigersinn von oben)

- LENKERGRIFFE
- LENKERTASCHE
- LENKER
- VORDERLICHT
- REIFEN
- FELGEN
- VORDERRADNABE
- RAHMENTASCHE
- KETTENBLATTGARNITUR
- PEDALE
- KETTE
- HINTERRADNABE
- SPEICHEN
- HINTERES SCHUTZBLECH
- PACKTASCHEN
- GEPÄCKTRÄGER
- SATTEL

RENNRADKOMPONENTEN

1 . LENKER
2 . SCHLAUCHREIFEN
3 . LUFTPUMPE
4 . ZANGENBREMSE
5 . BREMSHEBEL
6 . VORBAU
7 . SCHALTWERK (HINTEN)
8 . SCHALTHEBEL
9 . UMWERFER (VORNE)
10 . SATTEL
11 . SATTELSTÜTZE
12 . FLASCHENHALTER
13 . KETTE
14 . PEDALRIEMEN
15 . FELGEN
16 . LENKERBAND
17 . KABELSCHELLEN
18 . SPEICHENNIPPEL
19 . RECHTE TRETKURBEL MIT KETTENBLÄTTERN
20 . LINKE TRETKURBEL
21 . SPEICHEN
22 . ZÜGE UND ZUGHÜLLEN
23 . NABEN
24 . ZAHNKRANZPAKET
25 . PEDALE
26 . PEDALHAKEN

TOURENRADZUBEHÖR

1 . LENKERTASCHE

2 . WERKZEUGTASCHEN AUS ALUMINIUM

3 . GLOCKE

4 . ERSATZSCHLAUCH-BEHÄLTER

5 . SATTELKLOBEN

6 . SATTELSTÜTZE

7 . LUFTPUMPE MIT HALTERUNG

8 . KETTENSCHUTZ

9 . TOURENLENKER

10 . SCHUTZBLECHE AUS DURALUMINIUM

11 . TOURENSATTEL

12 . HISTORISCHE TOURENRADBRILLE

13 . TOUREN-TRINKFLASCHE (750 ML)

14 . INVERS-BREMSHEBEL

15 . FRONTSCHEINWERFER

16 . RÜCKLEUCHTE

17 . KLEINE RÜCKLEUCHTE MIT REFLEKTOR

18 . HINTERER REFLEKTOR

19 . DYNAMO

20 . DYNAMOKABEL

Ein Magni Ferrari ICS mit Schaltgruppe von ICS Zürich, wo man sich darauf verlegt hatte, Komponenten von Campagnolo zu veredeln, hier anschaulich illustriert durch die Detailaufnahme der Schalthebel auf der linken Seite.

(so wohltuendes) Surren erzeugt, reicht es, ihn mit einer Hand festzuhalten und die Felge anzustoßen und sich drehen zu lassen.

Bei den Bremsen prüfen wir die Bremsarme (einschließlich der Verstellschrauben) und die Bremshebel (die wir anziehen, um die Federn zu prüfen), sodann den Zustand der Bremsschuhe und der Griffgummis der Bremshebel. Dabei handelt es sich um schnell verschleißende Teile, die sehr wahrscheinlich zu ersetzen sind.

Bei allen Fahrrädern mit Gangschaltungen muss auch der Zustand des Umwerfers und des Schaltwerks in Augenschein genommen werden, ebenso die Schalthebel. Entscheidend ist, dass alle Bauteile übereinstimmen, also derselben Gruppe angehören. Nicht selten findet sich ein Mischmasch, weil einzelne Teile irgendwann erneuert wurden, andere nicht.

Bei Lenker und Vorbau ist auf Vollständigkeit zu achten, ebenso auf Rost und darauf, dass der Vorbau an der Lenkerklemmung, seiner empfindlichsten Stelle, keine Risse aufweist. Die Lenkergriffe, seien sie nun aus Kunststoff, Horn, Bakelit oder anderem Material, werden wahrscheinlich verschlissen sein. Wir prüfen also, ob sie noch zu retten sind; andernfalls findet sich Ersatz mit ein wenig Glück auf Flohmärkten oder im Internet. Lenkerband wiederum ist heute in den verschiedensten Arten und Farben allgemein erhältlich.

Auch handgenähte Ledergriffe sind heute gut zu ersetzen, da die gestiegene Nachfrage nach Vintage-Rädern dazu geführt hat, dass einige Firmen sie wieder herstellen. Bei vollausgestatteten Fahrrädern sollten wir vor allem auf den Zustand von Schutzblechen und Kettenschutz achten, beides recht empfindliche Teile. Sehr wahrscheinlich sind sie zerschrammt und die Lackierung oder Verchromung ist beschädigt, ebenso eventuell vorhandene Decals. Diese sollten sorgfältig begutachtet werden, da eine etwaige Neulackierung die Restaurierungskosten maßgeblich beeinflussen würde.

HANDWERKSKUNST UND DESIGN IM DIENSTE DES FAHRRADS

Helio Ascari

—

Gründer und Designer von Ascari Bicycles in Brooklyn, New York

Ich bin nie auf eine Designschule oder Ähnliches gegangen. Ich war elf Jahre alt, als ich begann, in Werkstätten und Tischlereien zu arbeiten, wo ich von Menschen mit außerordentlichem handwerklichen Wissen und Können umgeben war, die mir halfen, die Geheimnisse des Designs und der Herstellung zu verstehen. Erst viel später, nach 13 Jahren Arbeit in der Modewelt, beschloss ich, mich meiner wahren Leidenschaft zu widmen: dem Fahrrad. Ich mag es, etwas aus dem Nichts zu erschaffen, und ich mag die Kombination zeitloser Schönheit mit raffiniertem Design.

Als ich beschloss, Ascari Bicycles zu gründen, habe ich aus meiner Vergangenheit und meinem italienischen Hintergrund geschöpft. Der Name Ascari war mir immer bewusst und hat mir den Mut und die Entschlossenheit verliehen, meine eigene Geschichte zu schreiben. Ich bin in einem italienischen Dorf im Süden Brasiliens aufgewachsen, und überall um mich herum gab es alte Gegenstände, die die Auswanderer aus

Italien mitgebracht hatten. Ich war fasziniert von der Robustheit dieser Objekte, von der Zeit, die benötigt wurde, um sie zu herzustellen, von ihren wunderbaren Details und der Qualität der Materialien, aus denen sie bestanden. Man konnte fühlen, dass sie eine Seele hatten. Das ist genau das, was meine Fahrräder vermitteln sollen. Ich fühle mich der Schönheit, der Leidenschaft und der Handwerkskunst früherer Zeiten verbunden.

Zu Beginn hatte ich nicht vor, etwas Kompliziertes anzufangen. Ich suchte nur nach einer sinnvollen Art, meinen großen Wunsch, etwas Einzigartiges zu konstruieren, umzusetzen – einen Wunsch, der aus der Tiefe meines Herzens kam. Andererseits war ich immer überzeugt, dass sich handwerkliche Meisterschaft in außerordentlicher Präzision, größter Sorgfalt im Detail und perfekter Verarbeitung zeigt. Das war es, was ich für meine Schöpfungen wollte.

Die Herausforderung für einen Designer besteht meines Erachtens darin, ein Fahrrad zu entwerfen, das im Wohnzimmer seines Besitzers eine gute Figur macht und gleichzeitig ein ökologisch nachhaltiges Verkehrsmittel ist. Mich fasziniert die Einfachheit einer Maschine, die uns erlaubt, uns nur mit Hilfe unserer Körperkraft fortzubewegen. Eine solche Maschine steht einerseits für die Philosophie meines Unternehmens, andererseits erhebt sie, ganz einfach, die Fahrradkonstruktion zur Kunstform. Ich stelle mir meine Fahrräder gern als Designobjekte vor, die ich mit der Kunstfertigkeit eines Goldschmieds gebaut habe und die nun von Generation zu Generation weitergegeben werden.

Beim Bau meiner Rahmen verwende ich die Muffenbauweise und die Technik des Auftragslötens, so dass Fahrräder entstehen, deren Stil zeitlos ist und deren Qualität stets das Maximum anpeilt. Für die Modellserie King habe ich eine Rahmengeometrie aus den 1930er Jahren gewählt, mit einem Lenkkopfwinkel von 68 Grad und langen Streben. Ich verwende gern klassische italienische 28-Zoll-Holzfelgen und füge der Konstruktion Goldschmiededetails hinzu. Außer Rahmen, Gabel und Vorbau baue ich auch andere Teile von Hand, etwa die Bremshebel, wobei ich Materialien wie Messing, Bronze und Aluminium je nach Projekt mit exotischen Hölzern, Leder, Gold und Edelsteinen kombiniere.

Jemand hat mal geschrieben, das King sei »unter den Fahrrädern das, was der Bugatti Type 57 SC Atlantic unter den Automobilen ist. Schlichtweg exorbitante Rollqualitäten und eine Konstruktion, die stets den im Blick hat, der sie fahren wird.« Da kann ich nicht anders, als zu lächeln, mit kaum verhohlener Zufriedenheit und im Bewusstsein, dass es mir gelungen ist, mit Leidenschaft und Hartnäckigkeit meinen Schönheitsbegriff in einem Fahrrad zu verwirklichen.

ZIEL UND ART DER RESTAURIERUNG

2

Ein nach präzisen Wünschen
des Auftraggebers restauriertes
Colnago Super.

Ein Fahrrad ist ein ästhetischer Gegenstand. Viele sehen in ihm ein Kunstwerk, mag es auch staub- und rostbedeckt sein. Eine Restaurierung ist nichts weiter als der Prozess, der diese Schönheit wieder sichtbar macht, ihr ihren alten Glanz zurückgibt. Darüber hinaus hat es einen therapeutischen Effekt, sich die Hände mit der Wiederherstellung eines alten Schmuckstücks dreckig zu machen. Das gilt für jede Art von handwerklicher Tätigkeit, heute mehr denn je, doch für das Restaurieren in besonderem Maße. Mühe, die zu einem unmittelbar sichtbaren Ergebnis führt, ist befriedigend und erfüllt uns mit Freude. In den letzten Jahren habe ich Hunderten von Fahrrädern neuen Glanz verliehen, doch vor allem habe ich mir selbst ein neues Leben geschenkt. Ein Leben mit vielen Erfolgen, besonderen Begegnungen, faszinierenden Entdeckungen. Das Fahrrad hat vor kurzem seinen 200. Geburtstag gefeiert und jedes einzelne, das wir retten, steckt voller Anekdoten und Geschichten, trägt eine ganze Welt in sich, eine Philosophie, eine Lebensart. Das Fahrrad ist ein Objekt reich an Design und Innovation, aber vor allem strotzt es nur so vor Geschichte.

Kreative Restaurierung. Eines der ersten Motive, die viele zum Restaurieren bringen, ist gewiss die schlichte Freude, einen vergessenen Gegenstand zu neuem Leben zu erwecken. Das passiert vor allem bei dem, was ich »kreativ restaurieren« nenne: ein altes Fahrrad wieder voll funktionstüchtig machen und es in aller Freiheit mit allem verschönern, was es ganz zu *meinem* macht.

Ich habe viele Fahrräder für Freunde und Kunden restauriert, bei denen ich keinen historischen Vorgaben gefolgt bin, sondern einzig und allein den Wünschen und Vorstellungen ihrer Besitzer.

Eine solche kreative Restaurierung kann allein mit einem Rahmen beginnen, also quasi dem Skelett eines Fahrrads, das dann ganz nach persönlichem Geschmack ergänzt wird. Diese Art der Restaurierung eignet sich gut für den Einstieg, als Vorbereitung für anspruchsvollere Aufgaben, etwa eine »historische« Restaurierung, die die originalen Charakteristiken des Rads und seinen Wert wiederherstellen soll und also eine ganz andere Vorgehensweise erfordert.

Historie und Recherche. Eine historische Restaurierung, die die individuelle Geschichte eines bestimmten Fahrrads im Blick hat, ist zweifellos komplexer und auch zeitaufwendiger als eine Restaurierung nach eigenem Geschmack. Für eine korrekte Wiederherstellung ist es zunächst unerlässlich, sich schon vorab über die originalen Eigenschaften der Marke und des Modells zu informieren, das man restaurieren möchte. Noch vor zehn Jahren konnte das ein wahrhaft mühseliges Unterfangen sein. Heute ist es dank Internet und einer wahren Explosion von Veranstaltungen für historische Fahrräder sehr viel einfacher geworden. Auf allen fünf Kontinenten werden heute Tauschmärkte, Fahrradmessen und Rennen auf klassischen Strecken abgehalten. Diese Entwicklung hat dazu beigetragen, die Leidenschaft für Vintage-Fahrräder weiter zu verbreiten, und macht es heute sehr viel einfacher, historische Daten zu recherchieren. Als ich mit dem Restaurieren begann, hätte ich nie gedacht, dass ich einmal über solche Massen an Informationen verfügen würde. Wenn einen die Leidenschaft packt, will man unweigerlich alles lesen, sich informieren, Fahrradausstellungen und -museen besichtigen, um mehr zu erfahren und sich mit der Arbeit anderer auseinanderzusetzen. All das hilft dabei, einen Ausgangspunkt zu finden, einen Bezugsrahmen – und besser zu werden.

Auch wenn wir längst in einer globalisierten Welt leben, sollten wir nicht vergessen, dass ein guter Ausgangspunkt für das Sammeln von Informationen stets die Gegend ist, in der wir leben. Überall gibt es Ex-Radrennfahrer, Rahmenbauer und Händler vor Ort, die oft Hüter einer großen, tief verwurzelten Tradition sind. Sich mit ihnen zu unterhalten, ist eine faszinierende Erfahrung und unverzichtbar, wenn man restauriert. Das über die Jahre angesammelte Wissen ist in dieser Arbeit entscheidend, und je mehr wir uns mit anderen austauschen, desto bessere Ergebnisse werden wir erzielen. Es ist ein fortlaufender Lernprozess, und darin liegt ein nicht geringer Teil des Vergnügens und der Befriedigung, die die Restaurierungsarbeit bieten kann.

Konservativ oder komplett? Wenn ein Fahrrad restauriert werden soll, damit sein historischer Wert erhalten bleibt, stellt sich als nächste Frage, ob diese Restaurierung nur erhaltend wirken soll

GANNA

Links: Beispiel einer kreativen Restaurierung. Dieses Ganna habe ich ganz nach meinem Geschmack hergerichtet, die Farbe geändert und Originalkomponenten ersetzt.

Oben: Konservative Restaurierung eines De Rosa 30° Anniversario.

Auf den Seiten 50-53: Ein wunderschönes Exemplar der Marke De Rosa aus den frühen 1970er Jahren. Man beachte den Ledersattel samt Ersatzreifenhalterung sowie den eleganten Lenkerbezug, ein Patent der Firma Almarc aus Lissone bei Mailand.

Campagnolo
DE ROSA
DE ROSA

DE ROSA

cinelli

Rechts: Ein Bianchi-Rahmen, den ich komplett restauriert habe, da er schlecht umlackiert worden war, und zwar mit einem Farbspray in knallorange – nicht die Originalfarbe.

Rechte Seite: Konservative Restaurierung eines Masi Ferretti Team. Als es gefunden wurde, waren nicht die originalen Laufräder montiert, sondern jüngere. Doch der damalige Besitzer hatte die Originalräder mit den Holzfelgen sorgfältig gehütet, so dass der Originalzustand wiederhergestellt werden konnte.

oder das Ziel eine Komplettrestaurierung ist, die die Neulackierung des Rahmens miteinschließt. Dabei handelt es sich natürlich um eine subjektive Entscheidung, doch meist ist es der Gesamtzustand des Rads, der den Weg weist. Den Rahmen neu zu lackieren, bedeutet, dem Fahrrad die Patina zu nehmen, die einen alten Gegenstand auszeichnet, und entwertet es damit in gewisser Weise.

Wenn wir uns als Sammler verstehen und auch den finanziellen Wert eines Fahrrads bewahren wollen, werden wir nie eine Komplettrestaurierung anstreben, sondern stets nur eine konservative. Wer solche Rücksichten hingegen nicht zu nehmen hat, steht manchmal vor einer schwierigen Entscheidung. In jedem Fall empfehle ich, diese Entscheidung aufzuschieben, bis der Rahmen gründlich gereinigt wurde. Oft reicht hier eine sorgfältige Arbeit aus, um den Lack wieder in einen ästhetisch ansprechenden Zustand zu versetzen.

Entscheiden wir uns, den Rahmen neu zu lackieren, sollten wir jedoch sicher sein, die Marke und Modell entsprechenden Decals auftreiben zu können. Einen Rahmen neu zu lackieren, um ihn dann nackt und anonym zu lassen, ergibt nicht viel Sinn. Decals, die im Handel nicht zu finden sind, können auch von einem Grafiker reproduziert werden, wobei natürlich höhere Kosten entstehen als für ein fertiges Set. Allerdings sollten wir beim Kauf von Decals auf Qualität achten: Lieber etwas mehr Geld ausgeben, als sich später mit Problemen herumzuschlagen.

Die *konservative Restaurierung* ist zweifellos die günstigere und einfacher durchzuführende Lösung. Im Allgemeinen ist es auch nicht nötig, Fachleute mit Leistungen zu beauftragen. Mit ein wenig Erfahrung und Zeit ist dies eine Art von Restaurierung, die jeder leisten kann.

Doch auch wenn sie relativ einfach ist, ist die bloß erhaltende Restaurierung doch am anfälligsten für Fehler, die meist auf Unerfahrenheit zurückzuführen sind. Oft passieren Fehler schon bei der Reinigung, indem zu aggressive Mittel eingesetzt werden. Andere Male bei der Auswahl scheinbar nebensächlicher Komponenten wie Zughüllen, Lenkerband und Reifenmäntel, die verschlissen oder nicht originalgetreu sind und ersetzt werden müssen. Ein erfahrener Sammler wird auch diesen Details mit Sorgfalt begegnen. Es ist also wichtig, die Recherche nicht zu vernachlässigen, die vor Arbeitsbeginn erledigt werden sollte. Je mehr Informationen uns über den Originalzustand des Fahrrads vorliegen, desto weniger Fehler und Unstimmigkeiten können sich ergeben.

Manchmal gelangt die Arbeit an einen toten Punkt, weil es unmöglich scheint, ein bestimmtes Ersatzteil aufzutreiben. Das passiert vor allem bei

sehr alten Rennrädern der 1920er oder 1930er Jahre. Das Problem lässt sich lösen, indem man ein Teil sucht, das zumindest aus derselben Zeit stammt wie das Originalteil – bei einer konservativen Restaurierung ein annehmbarer Kompromiss. Geduld ist bei einem solchen Vorhaben eine Grundtugend.

Ich persönlich finde, dass die Jagd auf ein ganz bestimmtes Teil einen wesentlichen Reiz dieser Arbeit ausmacht. Eine solche Suche bedeutet endlose Diskussionen mit Freunden und Kollegen, den Besuch von Fahrradmessen und Streifzüge über Flohmärkte. Es ist viel Hartnäckigkeit erforderlich. Und ein wenig Glück.

Wenn wir dann erfolgreich waren, erfüllt uns tiefe Befriedigung, die für alle Mühen entschädigt. Wir erwecken nicht nur ein altes Schmuckstück zu neuem Leben, sondern hinterlassen auch künftigen Generationen ein Zeugnis seines historischen Wertes.

Die *Komplettrestaurierung* ist im Vergleich zur bloß erhaltenden weitaus komplexer und finanziell aufwendiger. Zudem wird es oft notwendig sein, externe Fachleute hinzuzuziehen, etwa für die Lackierung des Rahmens oder die Verchromung einiger Teile. Vor Beginn der Arbeit ist es also sinnvoll, sich in der Gegend, in der man lebt, nach Lackierern und Galvaniseuren umzusehen. Leider ist es nicht einfach, einen guten Lackierer für Fahrradrahmen zu finden. Sich an eine Autolackiererei zu wenden, mag eine kostengünstige Lösung sein, doch in einem Karosseriebetrieb findet sich selten jemand,

Dieses Legnano-Herrenfahrrad ist ein Beispiel dafür, wie eine gelungene Restaurierung aussehen kann, auch wenn die Farbe nicht perfekt dem Originalton entspricht.

der Erfahrung mit Lackarbeiten an Fahrrädern hat. Ein professioneller Fahrradlackierer wird gewiss teurer sein, die Arbeit aber fachgerecht ausführen.

Außer der schon erwähnten Frage der Decals ist bei einer Komplettrestaurierung die Wahl der Lackfarbe entscheidend. Einen wichtigen Anhaltspunkt liefern die Lackreste, die sich noch auf dem Rahmen finden. Ich rate also, Teile davon als Muster aufzubewahren, die bei der Entscheidung für eine Farbe hilfreich sein können.

Wenn wir über keinerlei Anhaltspunkt verfügen, lassen sich mit Hilfe von Marke und Modell sämtliche Informationen online finden. Im Internet gibt es nicht nur viele Kataloge, sondern auch zahlreiche Foren und Seiten von Klassikradfans, die bei der Suche nach solchen Angaben behilflich sein können. Für die meistgesammelten und -restaurierten Marken finden sich nicht selten exakte Farbcodes sogar für lang vergangene Modelle. Ist hingegen gar keine Information zum richtigen Farbton aufzutreiben, so können wir die Farbpaletten für Autolacke zur ersten Orientierung heranziehen.

Vor den 1940er Jahren wurden Fahrräder kaum in Metallicfarben lackiert; in dieser Zeit waren die Farben eher matt und in der Auswahl beschränkt. Erst in den folgenden Jahrzehnten, vor allem seit den 1970er und 1980er Jahren, wurde eine fast unbegrenzte Zahl von Farbtönen verfügbar. Zu beachten ist, dass einige früher übliche Lackierungsverfahren heute kaum zu kopieren sind. Das sollte man wissen, bevor es zu Enttäuschungen kommt. Bei Unentschlossenheit kann es sinnvoll sein, direkt die Meinung eines Lackierers einzuholen.

Kosten. Ist entschieden, ob das Fahrrad konservativ oder komplett restauriert werden soll, ist der nächste Schritt eine Aufstellung der anfallenden Kosten, um böse Überraschungen möglichst auszuschließen. Im Allgemeinen ist eine konservative Restaurierung aufwendig, was Zeit und Einsatz angeht, während Reinigungsmittel und Ersatzteile meist keine großen Kosten verursachen. Anders ist das im Fall der Komplettrestaurierung, vor allem wenn Arbeitsschritte an externe Fachleute delegiert werden müssen, die wir um Kostenvoranschläge

bitten sollten. All das ist wichtig, um nach getaner Arbeit nicht viel mehr ausgegeben zu haben, als geplant war oder das Fahrrad überhaupt wert ist.

Ein Rat, den ich gern gebe, ist, möglichst Handwerker und Fachleute aus der Umgebung zu beauftragen. Wenn zusätzliche Arbeitsschritte erforderlich werden oder das Ergebnis nicht zufriedenstellt, ist der Weg zurück ein kurzer und die Situation wesentlich entspannter zu bewältigen.

Ebenso ist es sinnvoll, eine detaillierte Aufstellung der Teile anzufertigen, die wir ersetzen wollen oder müssen, um sie in die Gesamtberechnung der Kosten einfließen zu lassen.

Zeitrahmen und Planung. Ist die Art der Restaurierung klar und eine Kostenübersicht gewonnen, ist es sehr nützlich, sorgfältig alle Arbeitsschritte zu planen und abzuschätzen, wie viel Zeit jeder einzelne in Anspruch nehmen wird. Das erlaubt uns, systematisch vorzugehen und die Zeit optimal einzuteilen. Oft lässt man sich mitreißen vom Arbeitseifer oder von der Eile, sofort sichtbare Ergebnisse zu erzielen. Doch eine solche Arbeitsweise erzeugt Durcheinander und bringt uns vom Weg ab. Eine gute Organisation hingegen hilft, die einzelnen Arbeitsschritte sinnvoll einzuteilen, vor allem wenn einige davon delegiert werden sollen.

Mit der Zeit und wachsender Erfahrung werden Sie Ihre eigene Methode finden und einen Arbeitsplan ganz nach Ihren Bedürfnissen erstellen. Organisation, Ordnung und Planung sind notwendige Bedingungen für gute Ergebnisse, doch auch wenn das Ziel für alle dasselbe ist, muss jeder für sich selbst die passende Einteilung finden. Einen Teil der Faszination dieser Arbeit macht das Gefühl aus, ein eigenes Projekt voranzutreiben; es stellt sich ein, sobald wir eine persönliche Arbeitsweise mit eigenen Methoden und Lösungen gefunden haben.

Später, wenn wir uns im Detail mit den beiden Arten der Restaurierung beschäftigen, der konservativen und der kompletten, werde ich *meine* Arbeitsmethoden darlegen. Diese müssen nicht notwendigerweise für alle passend sein, sie können Ihnen jedoch als Leitfaden oder Vergleichsmaßstab für Ihre eigene Vorgehensweise dienen.

EIN STÜCK RADSPORTGESCHICHTE IM HERZEN VON SIENA

Stelio Rossi

—

Sohn von Ranieri Rossi und aktuell verantwortlich für das Registro delle Biciclette Eroiche

Im Herzen Sienas, gar nicht weit von der berühmten Piazza del Campo, liegt ein bedeutender Ort der Radsportgeschichte, ein Muss für alle Liebhaber klassischer Rennräder: die Museumswerkstatt Ranieri Rossi an der Ecke Via dell'Oliviera und Via Roma, eingerichtet von Ranieros Sohn Stelio, dem letzten Nachfahren einer famosen Familie von Sieneser Fahrradkonstrukteuren.

Etwa Mitte der 1930er Jahre übernahmen die drei Brüder Eugenio, Martino und Ranieri Rossi, die bereits einen Fahrradverkaufs- und Reparaturladen in Siena betrieben, die Fahrradwerkstatt Daveri im Viertel Maddalena und betrauten Ranieri mit deren Leitung. Diese Werkstatt wurde für mehr als vierzig Jahre zu einem Fixstern des Radsportgeschehens in Siena und der ganzen Toskana; 1946 bis 1953 sponserten die drei Brüder sogar die Coppa F.lli Rossi, ein Rennen, bei dem Punkte für die toskanische Amateurmeisterschaft gesammelt werden konnten. Mitte der 1970er Jahre gab Ranieri die Werkstatt auf und zog sich in das Sieneser Umland zurück.

Nach einigen Jahrzehnten Dornröschenschlaf beschloss Ranieris Sohn Stelio aus Liebe zum historischen Radsport, die Werkstatt allen Anhängern dieser großen Zeit zugänglich zu machen und die Erinnerung an das Handwerk lebendig zu halten, dem sein Vater und seine Onkel ihr Leben gewidmet hatten – zugleich die an ein Transportmittel, das so typisch war für Italien im vergangenen Jahrhundert.

Die Besonderheit dieser Museumswerkstatt liegt darin, dass das originale Ambiente vollständig erhalten ist. Nicht nur die Werkbank steht immer noch an ihrem Platz, samt Werkzeug und Geräten, sondern auch der Verwaltungsschreibtisch mit Tintenlöscher, Stempeln, Telefonapparat und Ordnern mit Aufträgen und Rechnungen.

In diesem Ambiente können Liebhaber und Neugierige einen echten historischen Schatz besichtigen. Die reiche ursprüngliche Sammlung wurde nach und nach durch bedeutende Erwerbungen und Schenkungen ergänzt und umfasst heute eine große Zahl gut erhaltener oder restaurierter Fahrräder, dazu Werbeschilder der historischen Marken, Rennfahrertrikots und -mützen, Sättel, Satteltaschen, Lenker, Luftpumpen, Kettenblätter, Kurbeln, Ritzel, Felgen, Naben, Speichen, Klingeln, Pedale, Scheinwerfer (mit Kerzen, Öl, Azethylen und Dynamo), Steuerkopfschilder verschiedenster Marken und andere Gegenstände aus der aktiven Zeit des Ladens.

Das Auge des Kenners fällt sofort auf die Relikte berühmter Rennen, darunter das Wolsit, auf dem der Mailänder Enrico Sala den Giro d'Italia 1909 fuhr, zwei Dei (Mailand–Sanremo 1927 und Marca Oro Corsa 1938), fünf Bianchi (Saetta 1938, Folgore 1940, Folgorissima 1950, Paris–Roubaix 1951, Tour de France 1953), zwei Legnano (Corsa 1938 und Gran Premio 1960) und ein Arbos von 1949, das dem Rennfahrer Primo Volpi gehört hat.

Unter den übrigen Fahrrädern sind vor allem die drei Räder zu nennen, die aus der Werkstatt der Brüder Rossi selbst stammen, nämlich ein Tandem von 1946, ein Lastenfahrrad von 1947 und ein gleich altes, von der Herren- zur Damenversion umbaubares Fahrrad. Erwähnenswert sind auch ein französisches Modell aus dem späten 19. Jahrhundert, ein Toscana von 1923, ein Dei von 1923, ein Bianchi von 1933, ein Atala von 1933, ein Dei von 1935 (das erste der Marke, das in diesem Laden verkauft wurde), ein Scherenschleiferfahrrad der Marke Airolg (einer Untermarke von Gloria) von 1936, ein Taurus von 1938 und ein Maino Aerodyne von 1943.

Die interessanteste der vielen historischen Fotografien, die die Wände bedecken, ist vielleicht das Bild von Fausto Coppi und Gino Bartali beim Start der vierten Etappe des Giro d'Italia 1952, umweht von den Fahnen der Sieneser Contrada Valdimontone.

DIE WERKSTATT: HILFSMITTEL UND WERKZEUG

3

BREV. CAMPAGN
BREV. INTER. CAMP
CAMPAGNOLO
CAMPAGNOLO
BREV. CAMPAGNOLO
BREV. INTER. CAMPAGNOLO

WAS EINE WERKSTATT BRAUCHT

ZUTATEN FÜR GUTE ARBEIT

- ORGANISATION
- ORDNUNG
- METHODE/PLAN
- INFORMATIONEN
- SICHERHEIT
- SAUBERKEIT
- WERKZEUG
- PLATZ

Einen Raum einzurichten, der allein der Ausübung einer persönlichen Leidenschaft dient, ist eine jener Freuden, die schwer jemandem zu vermitteln sind, der sie nicht selbst kennengelernt hat. Ein solcher Raum ist wie ein Nest, in dem neben Arbeitsutensilien auch Fotografien, Trikots und Poster vergangener Größen des Radsports Platz finden. Mit der Zeit, wenn Sie Ihr ganzes Umfeld mit Ihrer Leidenschaft angesteckt haben, wird diese Werkstatt zu einem Atelier werden, zu einem kleinen Museum, Ihrem ganz persönlichen Museum.

Die Werkstatt. Über einen Raum zu verfügen, der nach eigenem Geschmack und eigenen Bedürfnissen eingerichtet und somit bequem und komfortabel ist, ist die beste Voraussetzung, um Befriedigung in der Arbeit zu finden. Die Einrichtung eines solchen Raums benötigt Zeit und Geld, doch mit ein wenig Erfindungsreichtum und Geduld lassen sich die Kosten im Rahmen halten. Zu Beginn darf es gern eine vorläufige Lösung sein, oft nur ein Winkel im Keller, in der Garage oder auf der Terrasse – einfach zwei Quadratmeter, auf denen man frei ist zu tun, was man will. Um anzufangen, braucht es wenig: Ein Tisch und ein Montageständer reichen aus.

Meine erste Werkstatt habe ich in meiner damaligen Wohnung eingerichtet, indem ich das Esszimmer opferte. Als die Zahl der restaurierten Fahrräder zunahm, fing ich an, sie an die Wände zu hängen. Irgendwann waren es mehr als dreißig, die überall in der Wohnung herabhingen. Ich vermute, so einige von Ihnen werden sich hier wiedererkennen…

Eine Werkstatt ist ein Ort, an dem man viel Zeit mit sich allein verbringt, aber auch Freunde und Kollegen empfängt, die vorbeischauen. Wie viele Tage habe ich hier damit verbracht, über alles Mögliche zu reden, mit fettverschmierten Händen, einem Glas Wein und guter Musik im Hintergrund! Ja, eines der ersten Dinge, die ich tue, wenn ich mich an die Arbeit mache, ist, das Radio anzustellen. Musik gehört unbedingt zu meiner Arbeit mit den Fahrrädern dazu, vielleicht weil sie mir dasselbe Freiheitsgefühl vermittelt. An vielen Tagen ist sie meine einzige Gefährtin, vermischt mit den Werkstattgeräuschen, die ich so liebe, wie dem Surren der Kugellager, wenn sich das Hinterrad dreht.

Eine weitere typische Eigenschaft jeder Werkstatt ist ihr Geruch. Wenn Sie erst mal eine Weile in Ihrer Werkstatt gearbeitet haben, werden Sie merken, dass sie ihren eigenen, unverwechselbaren Geruch angenommen hat, und wenn Sie ihn eine Zeitlang nicht gerochen haben, wird dieser Geruch zu den Dingen gehören, die Ihnen am meisten fehlen.

Ich habe das Glück, direkt über meiner Werkstatt zu wohnen, doch ich versichere Ihnen, der Ort, an dem ich mich wirklich zu Hause fühle … ist die Werkstatt. Ich vermute, das liegt daran, dass sie ganz auf mich, meine Interessen und meine Vorlieben zugeschnitten ist. Es ist entscheidend, vor Beginn einer Restaurierung oder eines Projekts einen Platz zu finden, der einem allein gehört, und ihn so zu organisieren, wie es einem am besten erscheint. Gleich sehen wir wie.

Einrichtung und Aufbewahrung. Sobald wir den Platz für unsere Arbeit gefunden haben, ist es unumgänglich, ihn mit einem Minimum an Einrichtung auszustatten, um komfortabel arbeiten zu können. Für den Anfang reichen wenige, einfache Vorrichtungen, die nach und nach mit allem ergänzt werden können, was sich als notwendig erweist.

Zuallererst brauchen wir einen Fahrrad-Montageständer. Im Handel finden sich verschiedene Arten und Modelle. Wählen Sie den, der Ihrer Arbeitsweise am besten entspricht.

Als Zweites brauchen wir eine gute Werkbank. Auch ein alter Holztisch geht in Ordnung, er muss nur wirklich stabil sein. Perfekt, wenn man das Glück hat, eine solche zu finden, ist eine alte Hobelbank oder Mechaniker-Werkbank.

Sobald Montageständer und Werkbank aufgestellt sind, ist es an der Zeit, an eine Werkzeugwand zu denken. Es reicht eine einfache Holzplatte mit Nägeln: eine günstige, aber effiziente Lösung.

Ebenfalls sehr wichtig ist das Licht: Wenn der Raum nicht über ausreichend viel Tageslicht verfügt, muss er mit guten künstlichen Lichtquellen ausgestattet werden.

Ein weiterer, nicht zu vernachlässigender Punkt, insbesondere wenn der Raum nicht groß ist, ist die Aufteilung desselben, die Beweglichkeit garantieren muss. Ein paar demontierte Fahrräder reichen, um einen nicht gut organisierten Raum zu verstopfen. Es empfiehlt sich daher, die Raumhöhe zu nutzen und Haken an die Wand zu schrauben, an denen sich Laufräder und auch ganze Fahrräder aufhängen lassen. Wenn es der verfügbare Platz erlaubt, würde ich aber stets eine Wand für Fotos von Restaurierungen freilassen.

Ich habe mein Werkzeug immer gern griffbereit, und dafür sind verschieden große Kunststoffkisten sehr praktisch, ebenso verschließbare Plastikbeutel für den Kleinkram und für die Archivierung. Von beidem findet sich im Handel eine Unzahl von Modellen und Größen zur Auswahl. Ich persönlich

Oben: Nachdem ich ein paar ausprobiert hatte, habe ich mich für diesen Montageständer entschieden – ein sehr stabiles Modell, in dem ein Fahrrad mit montierten Rädern befestigt werden kann.

Unten: Sehr nützlich, um Ordnung zu halten, sind verschieden große Kunststoffbehälter sowie verschließbare Plastikbeutel für das Kleinzeug.

Rechte Seite: Mein Klemmschraubstock mit Aluminiumbacken, die Metallteile nicht verkratzen, und der eingespannte Bohrer, mit dem sich verschiedenste Arbeiten erledigen lassen.

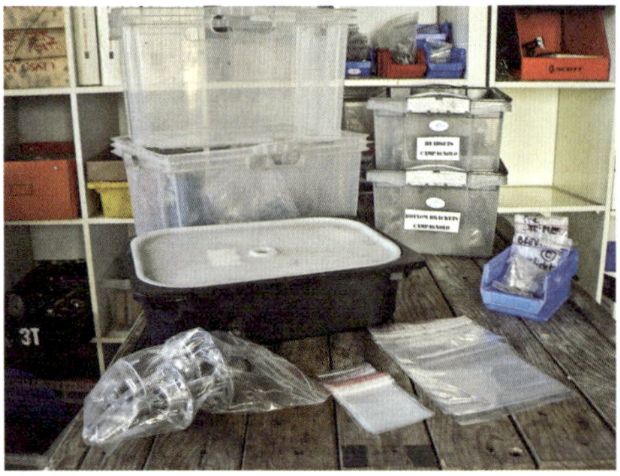

mache reichlich Gebrauch davon, sei es, um keine Teile zu verlieren, vor allem die kleineren, sei es, um sie zu archivieren, nachdem ich sie geputzt und poliert habe. Mit einem simplen Permanentstift lässt sich alles gut beschriften. Diese scheinbar überflüssige Mühe ist in Wirklichkeit sehr sinnvoll, schon um die Namen aller Komponenten zu lernen und weil sie uns zwingt, die Eigenschaften jedes einzelnen Teils zu überprüfen und zu katalogisieren. Eine ordentliche Archivierung spart Raum und auch viel Zeit in den einzelnen Restaurierungsphasen. Ordnung ist elementar für gute Arbeit.

Sehr nützlich, um alles in Ordnung zu halten, ist auch ein Regal oder eine Schubladenkommode. Ich erinnere mich gern daran, wie ich über einen wunderschönen Schrank stolperte, wie er früher in jedem Fahrradladen stand, aus Holz, mit Schüben in allen Größen und mit Messinggriffen. Er erschien mir sofort als ideales Einrichtungsstück für meine Werkstatt, und ich war glücklich wie ein Kind, als ich ihn für wenig Geld erwerben konnte.

Mit ebenso großer Freude erinnere ich mich an den Tag, an dem ich meinen ersten Schraubstock fand. Ich wollte kein Geld für einen neuen ausgeben, ich wollte etwas Gebrauchtes, mit Gebrauchsspuren. Ich wartete etliche Monate, bis ich schließlich von einem reizenden älteren Herrn aus meiner Gegend, ebenfalls einem Fahrradliebhaber, einen geschenkt bekam. Mit dem Schraubstock gab er mir auch noch ein Paar Backen zum Aufstecken aus Leichtaluminium, die Kratzer an den eingespannten Metallteilen verhindern.

Oft denke ich an Ernesto Colnago, über den Rino Negri in seiner wunderbaren Biografie *Quando la bici è arte* (»Warum ein Fahrrad ein Kunstwerk ist«) schreibt: »Welche Mühe es machte, diese Werkstatt einzurichten! Der Vater stellte Maulbeerbretter zur Verfügung für einen Arbeitstisch. Mit den Ersparnissen der ersten Rennsaison wurde der erste Bohrer gekauft. Dann kam der Schraubstock. In Mailand, am Corso Buenos Aires, kaufte Colnago Schraubendreher und -schlüssel in verschiedenen Größen.« Genau, der Bohrer: ein Grundwerkzeug für jede Restaurierung. Der Bohrer ist eine Art elektronischer Arm, er beschleunigt einige Arbeitsschritte enorm und ist für andere unverzichtbar. Er wird zum Abschleifen, Schmirgeln, Polieren benutzt. Mit einer entsprechenden Klemmschraube kann er an der Werkbank befestigt werden und erfüllt dort sehr bequem vielerlei Funktionen. Apropos: Wenn es möglich ist, sollten Sie eine Ecke der Werkstatt für jene Arbeitsschritte reservieren, die viel Schmutz machen, wie eben das Abschleifen, Schmirgeln und Polieren. Ich nutze dafür einen kleinen Abstellraum, den ich die »Zauberkammer« nenne: Die Teile oder Rahmen, die hier in beklagenswertem Zustand landen, verlassen sie stets als funkelnde Juwelen.

Sicherheit. Neben der Arbeitsorganisation ist Sicherheit ein Hauptthema. Es reichen wenige Vorsichtsmaßnahmen, um sicher zu arbeiten. Für die Hände ist ein Paar gute Gummihandschuhe unerlässlich. Einige Substanzen sind bei direktem Hautkontakt schädlich, in anderen Fällen kann man mit Gummihandschuhen besser zupacken als mit nackten Händen, an denen vielleicht Schmierfett haftet. Denken Sie daran, dass das meistgebrauchte Werkzeug in allen Phasen der Restaurierung Ihre Hände sind. Schützen Sie sie also sorgfältig und reinigen Sie sie mit dafür geeigneten Mitteln. Und am Ende des Arbeitstages sollten Sie eine Handcreme auftragen, insbesondere wenn Sie empfindliche Haut haben. Wenn wir restaurieren, retten wir ein Fahrrad, so wie der Chirurg Menschen heilt; unsere Hände spielen dabei eine entscheidende Rolle, ganz wie bei einem Chirurgen.

Für den Schutz der Augen empfehle ich zwei Arten von Brillen, eine einfache Schutzbrille für normale Arbeiten und eine Vollsichtbrille für gefährlichere Tätigkeiten. Beim Schmirgeln zum Beispiel passiert es leicht, dass Metallspäne und -splitter durch die Gegend schießen.

Zum Schutz der Atemwege sollten wir darauf achten, dass unser Arbeitsraum stets gut gelüftet ist, und, wann immer nötig, eine Maske mit auswechselbarem Filter tragen. Lässigkeit ist hier nicht angebracht! Einige der Mittel, die wir verwenden müssen, sind hochgiftig, und auch bei Tätigkeiten wie dem Abschleifen und Polieren entstehen Feinstaub und Rauch, die sehr schädlich sind. Gut arbeiten heißt auch, sich selbst sorgfältig zu schützen. Jedes chemische Produkt enthält auf der Packung Angaben zum Grad seiner Giftigkeit und zu den notwendigen Sicherheitsvorkehrungen – entscheidend ist, dass sie gelesen und sorgfältig befolgt werden. Die Investition in drei oder vier grundlegende Schutzvorrichtungen sollte Priorität haben. Es hat keinen Sinn, seine Gesundheit aufs Spiel zu setzen: Restaurieren soll Freude machen, vergessen wir das nicht.

Wer an Arthritis oder ähnlichen Einschränkungen leidet, sollte vor der Arbeit die Gelenke der Hände und Finger mit geeigneten Übungen lockern, doch ein wenig Stretching vorab ist jedem zu empfehlen: Mit vorgewärmten Muskeln kommt es weit seltener zu Zerrungen und Verspannungen an den Körperteilen, die bei der Arbeit besonders beansprucht werden.

Reinigungsmittel und -geräte. In dem Moment, in dem wir mit der Restaurierung beginnen, brauchen wir unweigerlich eine Reihe von Reinigungsmitteln. Sich hier mit Markennamen aufzuhalten, ist allerdings unnötig, da unendlich viele Produkte für ähnliche Zwecke und mit ähnlicher Wirksamkeit auf dem Markt sind. Ich gestehe, dass mir viele davon überflüssig und auch zu teuer erscheinen, und tatsächlich nutze ich sehr wenige, kaum mehr als zwei oder drei. Natürlich ist jedes Urteil über die Wirksamkeit eines Produkts im Vergleich zu anderen tendenziell subjektiv, daher ist es wichtig, einfach herumzuprobieren, um herauszufinden, welches man für das Beste seiner Art hält. Mit Ausprobieren habe ich zunehmend bessere Produkte entdeckt als die, die ich zuvor nutzte, und damit die Qualität meiner Arbeit verbessert. Vor allem sollten Sie darauf achten, dass manche Reinigungsmittel zu aggressiv sind und mechanische Teile oder den Rahmen beschädigen können. Investieren Sie lieber mehr Muskelschmalz, als Mittel zu verwenden, die das Erscheinungsbild des Schmuckstücks in unseren Händen unwiederbringlich zerstören können.

Es gibt Produkte für die Grundreinigung, zum Schmieren und Fetten, zum Polieren und Abbeizen, es gibt Pflegeöle, Korrosions- und Rostschutz. Für die Rahmenreinigung nutze ich vor allem eine Fahrradpolitur und einen Lackpflegespray. Im Allgemeinen wähle ich Mittel, die für die jeweilige Metalllegierung gedacht sind oder generell für mechanische Bauteile, nicht unbedingt speziell für Fahrräder.

Für den Sattel nutze ich praktisch nur zwei Mittel: eine Lederpflegemilch und ein Lederfett.

Für die Grundreinigung reicht auch Wasser mit Neutralseife. Ein in Diesel oder Benzin getauchter Pinsel löst selbst stark fettverkrustete Stellen. Wenn Ihr Budget begrenzt ist, empfehle ich sowieso, kein unnötiges Geld für teure Produkte auszugeben, vor allem wenn es billige und ebenso gute Alternativen gibt. Sollten Sie das Glück haben, irgendwo auf alte Tuben mit Schmierfett zu stoßen, so lassen Sie sich die Gelegenheit nicht entgehen: Die Qualität mancher Mittel aus früheren Zeiten ist nach wie vor unschlagbar im Vergleich zu heutigen Produkten.

Meist hat man bald seine Lieblingsprodukte. Ich habe eine kurze Liste von Mitteln, die für mich unverzichtbar sind. Am meisten verbrauche ich wohl von dem Korrosionsschutz WD-40 und dem Entfetter Metarex – ohne die beiden käme ich nicht aus. Bei anderen Produkten, vor allem Fetten und Schmiermitteln für die Komponenten, bin ich immer noch am Ausprobieren, auf der Suche nach dem einen Produkt, das mich ganz zufriedenstellt. In jedem Fall sollte man, wenn man ein Mittel zum ersten Mal verwendet, aufmerksam die Zusammensetzung und die Gebrauchsanweisung studieren, sowohl um festzustellen, ob es bei der geplanten Verwendung Schaden anrichten kann, als auch aus Sicherheitsgründen.

Neben geeigneten Putzmitteln brauchen wir für die Reinigung auch allgemeinere Artikel. Zuallererst Putzpapier, das in vielerlei Situationen nützlich ist und in keiner Werkstatt fehlen darf. Dasselbe gilt für die Handwaschpaste. Unverzichtbar sind, wie bereits erwähnt, auch die Handschuhe. Einmalhandschuhe aus Latex sind beim Polieren und Lackieren hilfreich; festere Gummihandschuhe dienen als Schutz beim Umgang mit giftigen Substanzen und beim Ein- und Ausbau von Komponenten. Ich nutze zusätzlich weiße Baumwollhandschuhe für Feinarbeiten wie die letzte Politur oder das Anbringen von Decals.

Nach der Grundausrüstung für die Reinigung kommen wir zu spezielleren Hilfsmitteln. Für oberflächlichen Rost, ebenso für fettige oder oxydierte Stellen, eignen sich verschiedenartige Bürsten, von solchen mit Plastikborsten bis zu Messing- oder Eisenbürsten. Auch für das Schmirgeln gibt es eine große Auswahl von Bürsten, auch als Aufsätze für den Bohrer, und für das Abschleifen von Lack und hartnäckigem Rost sind unterschiedliche Arten von Schleifpapier erhältlich.

Das sind relativ preiswerte Utensilien, die meist sehr nützlich sind, vor allem für schwierigere Aufgaben, wo Muskelschmalz alleine nicht ausreicht. Dennoch sind, wie schon erwähnt, Urteile über die Wirksamkeit dieser Mittel eine subjektive Sache und können sich im Laufe der Zeit ändern. Ich persönlich habe Monate gebraucht und sehr vieles ausprobiert, bevor ich welche gefunden habe, die mich wirklich zufriedenstellten, und wenn ich eine Bürste oder Schleifscheibe finde, die ich noch besser finde, zögere ich nicht, meine Vorlieben wieder zu ändern. Es kommt auch vor, dass man sich irrt, das ist kein Drama. Und zieren Sie sich nicht, von anderen zu lernen, die Ihre Leidenschaft teilen, ihnen zuzuschauen und sie um Rat zu fragen. Auch heute noch stehe ich mit Freunden in ständigem Meinungsaustausch über unser Metier.

Ein unentbehrliches Gerät beim Restaurieren ist der Druckluftkompressor. Er pumpt nicht nur Schläuche und Reifen exakt bis zum gewünschten Druck auf, er ist auch sehr nützlich für die Reinigung und zum Trocknen. Zum Entfernen von Schmutz, Fett und Rost nutzen wir Schleifpapier verschieden großer Körnung, dazu Stahlwolle, Schwämme und Glaswolle. Sehr zweckdienlich bei

Das Polier-Set, das ich üblicherweise nutze: Es besteht aus vier Textilscheiben und vier entsprechenden Pasten. Begonnen wird mit Scheibe und Paste A, um die Oxydationsschicht zu entfernen, dann wird erst mit Scheibe und Paste B, dann mit C immer feiner poliert. Scheibe und Paste Z werden statt A verwendet, wenn die Oxydation schon weiter fortgeschritten ist.

vielerlei Aufgaben sind auch Pinsel: für die einfache Staubentfernung oder, in Lösungsmittel oder Diesel getaucht, um eingetrocknetes Fett aufzuweichen. Für die Reinigung der Laufräder und Mäntel, vor allem wenn sie hell sind, sowie des Textils der Schlauchreifen nutze ich oft eine Bürste mit Plastikborsten, die ich in Wasser mit Neutralseife oder Entfetter tauche. Weitere in vielen Situationen nützliche Hilfsmittel sind Klebebänder verschiedener Art und Farbe, Abdeckpapier und Teppichmesser. Außer dem Druckluftkompressor, dessen Erwerb das Budget empfindlich belasten kann, sind alle diese Helferlein normalerweise günstig, und es ist recht wahrscheinlich, dass sich vieles davon bereits in Ihrem Haushalt befindet.

Die Bereitschaft, neue Hilfsmittel auszuprobieren, ist entscheidend für eine erfolgreiche Arbeit. Und besseres, vielleicht effizienteres oder bequemeres Werkzeug zu entdecken, macht Spaß. Zum Beispiel erinnere ich mich gern daran, wie ich das Set von Polierpasten und -scheiben fand, das ich üblicherweise benutze, um Metallteile zum Glänzen zu bringen. Ich hatte es schon einmal online gesehen, aber nicht bestellt, weil ich ja nicht wissen konnte, wie gut es funktioniert. Dann sah ich auf einer Messe für klassische Fahrräder und Motorräder, wie es benutzt wurde, und war so beeindruckt von seiner Wirkung und der einfachen Handhabung, dass ich gleich zwei Packungen kaufte, zusammen mit einer Schraubklemme für den Bohrer. Ich weiß nicht, wie viele Pasten und Scheiben ich seitdem verbraucht habe! Das ist eines der Produkte, ohne die ich nicht mehr auskomme: Es schützt unvergleichlich gut vor Oxydation und es ist enorm effizient, wenn es darum geht, Komponenten wie neu aufzuarbeiten.

Bei den Scheiben arbeitet man sich stets von der härtesten zur weichsten vor. Der Umgang mit Reinigungs- und Polierscheiben erfordert ein wenig Übung, vor allem die Verwendung der Schleifscheiben, daher ist es sinnvoll, sich erst damit vertraut zu machen, wie sie funktionieren, und ein wenig zu üben. Es gibt dazu einige hilfreiche Online-Videos, die im Internet leicht zu finden sind. Sobald Sie gelernt haben, diese Instrumente korrekt einzusetzen, wird sich die Qualität Ihrer Restaurierungen erheblich verbessern, während sich die Arbeitszeit halbiert.

Nach diesem Überblick über Mittel und Geräte für die Reinigung betrachten wir nun das Werkzeug, das wir für den Ein- und Ausbau von Teilen benötigen. Ich habe es in zwei große Gruppen unterteilt: Grundausstattung und spezifisches Fahrradwerkzeug.

MEIN LEBEN FÜR DEN HISTORISCHEN RADSPORT

Luciano Berruti

—

Symbolfigur der Klassikradszene und Gründer des Fahrradmuseums in Cosseria, leider 2017 verstorben

Immer schon habe ich das Leben im Freien geliebt, in der Natur, vielleicht weil ich in einem so kleinen Dorf wie Cosseria groß geworden bin. Freiheits- und Bewegungsdrang zeichneten mich schon als Kind aus. Ich war sehr lebhaft – und wurde in der Schule oft bestraft, weil ich überhaupt nicht stillsitzen konnte –, ich kletterte gern auf Bäume und habe alle möglichen Gegenstände gezeichnet und gebaut. Ich war sehr kreativ. Und ich liebte das Fahrradfahren.

Aus dieser Leidenschaft heraus begann ich schon sehr jung, Rennrad zu fahren. Ich fuhr Rennen, gewann ein paar Titel – hatte aber auch ein paar Unfälle zu viel, die mich zu einer langen Zwangspause verdammten. Mitte der 1990er Jahre habe ich meine Interessen um Mountainbiken und Cyclocross erweitert, doch vor allem habe ich meine Liebe zur heroischen Ära des Radsports entdeckt.

Ich war fasziniert von Lucien Petit-Breton, dem französischen Champion des frühen 20. Jahrhunderts, der zweimal die Tour de France gewonnen hat, einmal Mailand–Sanremo und einmal Paris–Tours. Seine Geschichte ist ganz unglaublich. Er war ein sehr unternehmungslustiger und moderner Mensch und immer bereit, neue Erfindungen zu testen. Er ging so weit, dass er einmal den Giro d'Italia nicht gewann, weil er eine neuartige, gerade erst patentierte Schaltung ausprobieren wollte, die einen Nabenbruch verursachte. Daraufhin schrieb er einen Entschuldigungsbrief, in dem er betonte, das Fahrrad (er fuhr damals für Fiat) sei einwandfrei gewesen und der Ausfall allein auf seine Umbauten zurückzuführen. Er verbesserte den Stundenweltrekord seiner Zeit, doch seine Karriere wurde durch den Ersten Weltkrieg jäh unterbrochen. Er starb an den Folgen eines Unfalls von Militärfahrzeugen.

Eines Tages also trat ich zu einem Bergrennen bei mir in der Nähe mit einem alten Bianchi Paris–Roubaix aus den 1950er Jahren an. Ich wollte beweisen, dass den Unterschied der Mensch macht, nicht das Material. Es war lustig. Ich wurde Zweiter, weil ich es nach der Steigung, als es wieder flach wurde, nicht schnell genug schaffte, zu schalten und durchzustarten. In der Zeit war ich mit bestimmten Techniken noch nicht so vertraut. Mit demselben Rad wollte ich dann an einem Eintagesrennen teilnehmen, aber die Wettkampfrichter ließen mich nicht starten, weil sie meinten, mit diesem Gerät erweckte ich den Eindruck, mich über die anderen Teilnehmer lustig machen zu wollen. Das war aber keineswegs meine Absicht!

Einige Zeit später erfuhr ich, dass es in der Toskana ein Rennen mit historischen Rennrädern über Schotterstraßen gab: die Eroica. Es war der Beginn einer überwältigenden und doch erstaunlichen Liebe, die immer noch andauert.

Im Zuge dieser Leidenschaft begann ich dann auch, historische Fahrräder und Materialien zu sammeln und zu restaurieren, einschließlich Bekleidung und verschiedener Accessoires, und wurde öfter eingeladen, einige dieser Schmuckstücke bei Radveranstaltungen oder Rennen auszustellen, wo sie bei Liebhabern ebenso viel Aufmerksamkeit erregten wie bei einfachen Neugierigen. So kam es durch eine Reihe von Umständen und Ereignissen, auch dank der Unterstützung der Gemeindeverwaltung von Cosseria und der Region Ligurien, dazu, dass dieses Material zum Grundstock eines Fahrradmuseums in meinem Heimatort Cosseria wurde (*www.veloretro.it*).

Ich wünschte mir, vor allem junge Leute anstecken zu können. Wenn sie wirklich den Geist der heroischen Ära des Radsports erfassen wollen, sage ich ihnen: Nehmt ein altes Fahrrad mit seiner originalen Gangschaltung und schrubbt Kilometer, ohne Hilfe und Unterstützung, und esst und trinkt dabei nur, was ihr unterwegs findet. So machten das die Pioniere des Radsports, das war die Normalität. Nur wenn ihr all das am eigenen Leibe erfahren habt, könnt ihr wirklich ermessen, was die Helden des historischen Radsports geleistet haben.

Grundausstattung. Die Leidenschaft für alte Fahrräder und ihre Restaurierung kann sich schnell zu einer Liebe zur Welt des historischen Radsports an sich auswachsen, so dass man sich schließlich nicht mehr nur in Fahrräder verliebt, sondern auch in einzelne Komponenten, in Trikots und sogar in das Werkzeug, das man zum Arbeiten braucht.

In den letzten Jahren hatte ich Gelegenheit, viele Liebhaber des historischen Radfahrens kennenzulernen, und viele von ihnen waren ausschließlich auf der Suche nach Werkzeug. Nicht, weil sie es für ihre Arbeit gebraucht hätten, sondern aus reiner Sammelleidenschaft. Ich erinnere mich an einen pensionierten Mechaniker, der seine mittlerweile geschlossene Werkstatt vollständig in die Garage umgesiedelt hatte und weiterhin kleine Reparaturen für die Leute im Dorf erledigte. Als ich ihn besuchte, weil ich hoffte, bei ihm bestimmte Teile zu finden, war ich beeindruckt von der Menge an Werkzeug, die er besaß. Er begeisterte sich vor allem für Gewindeschneider und sammelte spezielle Fahrradwerkzeugkoffer von verschiedenen italienischen und ausländischen Marken. Dazu hatte er eine Unzahl von Holzkisten voller Werkzeug und eine super ausgestattete Werkbank. Er hatte sich sogar einen Schwenkarm gebaut, der als Ständer fungierte und den er zentral steuern konnte wie einen Roboter! Dieses Gerät, eine typische Frucht italienischen Erfindergeists, faszinierte mich sehr, doch er ließ sich nicht die Gelegenheit entgehen, mir seine neueste Errungenschaft von Werkzeugkoffer vorzuführen und mir stolz die Eigenschaften jedes einzelnen Teils zu erklären. An jenem Tag verstand ich, wie viel Schönheit auch in einem scheinbar banalen Gegenstand wie einem Schraubenschlüssel oder einem Hammer stecken kann.

Zurück zum Thema. Es ist klar, dass wir nicht gleich, wenn wir uns zum ersten Mal an eine Restaurierung wagen, jedes mögliche Werkzeug verfügbar haben können. Besorgen müssen wir uns jedoch zumindest alles, was für die grundlegenden Arbeitsschritte, also Ein- und Ausbau, notwendig ist. Wie schon bei den Hilfsmitteln und chemischen Produkten ist es sehr wahrscheinlich, dass sich viele der allgemeinen Werkzeuge, die ich nun nenne, bereits in Ihrem Haushalt befinden. Schon die üblichen Werkzeugkoffer enthalten meist eine vernünftige Auswahl.

Vier Arten von Werkzeug, die wir regelmäßig nutzen, sind ein Satz Hämmer verschiedener Art und Größe, ebenso Feilen verschiedener Art und Größe, ein Vergrößerungsglas, zwei Messschieber für präzise Messungen und zwei Meterstäbe, davon einer mit Zoll- und einer mit metrischer Einteilung, und schließlich ein Satz Schraubendreher verschiedener Art und Größe. Das sind sehr gebräuchliche Utensilien, und bevor man sie doppelt kauft, sollte man

in jedem Fall nachsehen, was man schon im Haus hat. Sie brauchen keine fünf Hämmer und zwanzig Schraubendreher – eine kleine Auswahl von jedem dieser Werkzeuge ist mehr als ausreichend für den Anfang. Haben Sie es nicht zu eilig. Ich kann Ihnen versichern, dass auch darin, die eigene Werkstatt nach und nach mit dem jeweils Erforderlichen zu ergänzen, Befriedigung liegt, wenn nicht gar Freude.

Sollten Sie nicht zu den gewohnheitsmäßigen Heimwerkern gehören und noch gar nichts besitzen, dann wenden Sie sich am besten an Freunde und Verwandte, bevor Sie Geld ausgeben. So habe ich zum Beispiel von der Großzügigkeit meines Vaters profitiert, der mir alles geschenkt hat, was er nicht mehr brauchte, was für mich aber eine große Hilfe war. Ich empfehle auch, alle möglichen Floh- und Gebrauchtmärkte zu besuchen, wo oft für wenig Geld ganze Sets erstanden werden können und echte Schnäppchen möglich sind.

Neues Werkzeug zu kaufen, kann teuer werden, vor allem wenn es um gute Qualität geht. Wenn Sie etwas aus zweiter Hand erwerben können, sollten Sie auf jeden Fall seinen Zustand überprüfen. Und bedenken Sie, dass Qualitätswerkzeug seinen Preis hat. Manchmal sehe ich Werkzeugkoffer mit 300 Teilen zu Schleuderpreisen. Wenn man diese Preise durch die Zahl der enthaltenen Werkzeuge teilt, ergeben sich Stückpreise im Centbereich. Der gesunde Menschenverstand sollte einem sagen, dass ein Werkzeug, das wenige Cent kostet, nichts wert sein kann. Misstrauen Sie also superbilligen Angeboten, die nicht halten können, was sie versprechen. Besser ist da weniger Werkzeug, doch von guter Machart.

Denken Sie daran, dass auch Ihr Werkzeug, nicht anders als ein Fahrrad, etwas Pflege und Wartung benötigt. Sinnvoll ist es, es regelmäßig, zumindest einmal im Monat, von Fett und Schmutz zu reinigen und seine Abnutzung zu überprüfen. Das erspart einem den Ärger, mit schmierigem, schmutzigem Gerät Gewinde zu ruinieren oder sich gar zu verletzen. Das Werkzeug zu putzen, ist auch eine gute Gelegenheit, es zu sortieren, Ordnung zu schaffen und die Werkstatt aufzuräumen. In einem sauberen, gut organisierten Raum zu arbeiten, wird sich, wie bereits erwähnt, positiv auf Ihre Arbeit auswirken.

Eine weitere unverzichtbare Werkzeuggruppe sind verschiedene Inbusschlüssel, eventuell mit T-Griff. Dazu ist es wichtig zu wissen, dass diese Schlüssel in einigen Staaten wie den USA auch in halben Größen gebräuchlich sind; in Europa sind nur ganze Größen üblich (7 mm, 8 mm etc.). Allerdings auch nicht immer: Ich erinnere mich, dass etwa Campagnolo bei den Feststellschrauben der Züge seiner Delta-Bremsen vom italienischen Standardmaß 4 mm abwich und 4,5-mm-Schrauben verwendete.

Ebenfalls unverzichtbar sind Zangen, Schraubenschlüssel und Seitenschneider. Besonders unterstreichen will ich die Wichtigkeit eines guten Seitenschneiders und einer guten Rohrzange, die beide oft gebraucht werden, ebenso wie die klassischen Maulschlüssel in verschiedenen Größen (für Fahrräder muss der Satz nicht komplett sein, es reichen 7 bis 17 mm) und eine Reihe von Sechskantschlüsseln (beim Fahrrad sind meist 7 bis 14 mm gebräuchlich).

Spezielles Fahrradwerkzeug. Die zweite große Gruppe ist das spezielle Fahrradwerkzeug. Davon gibt es enorm viel; das hier vorgestellte ist meine persönliche Auswahl, darunter sind die meistverbreiteten und nützlichsten Werkzeuge und natürlich die, die ich für unverzichtbar halte. Ich rate entschieden davon ab, ein Teil, für das ein bestimmtes Spezialwerkzeug nötig ist, mit Hilfe von Grundwerkzeug montieren oder demontieren zu wollen, da dabei immer das Risiko besteht, Teile oder Gewinde irreparabel zu beschädigen und die ganze Arbeit zu ruinieren.

Ein weiterer wichtiger Ratschlag für alle, die mit solchem Werkzeug nicht vertraut sind, besteht darin, sich zu informieren, bevor man an die Arbeit geht. Einige dieser Utensilien mögen einfach und intuitiv zu gebrauchen sein, andere benötigen spezielles Vorwissen. Wenn Sie einen erfahreneren Freund oder einen Mechaniker in der Nähe haben, scheuen Sie sich nicht, um Rat zu fragen. Vielfach lässt sich auch online Unterstützung finden, wo es zahllose Gruppen und Foren gibt, die sich mit Fahrradreparaturen beschäftigen. Kollegen um Hilfe zu bitten, erspart einem den Preis schlecht ausgeführter Arbeit. Und sich helfen zu lassen, ist keine Schande: Selbst die besten Restaurateure bedienen sich der Zuarbeit von anderen. Auch ich mache das häufig; wenn es jemanden gibt, der etwas besser kann als ich, sehe ich es als eine Frage der Vernunft an, ihn um Hilfe zu bitten, wenn es der Qualität meiner Restaurierung nützt.

Es gibt viele solche Werkzeug-Sets auf dem Markt, für Anfänger, Fortgeschrittene und Profis, und wer in die Restaurierung erst einsteigt, verfügt mit einem davon über eine gute Basis. Sehr nützlich, wenn man das Glück hat, auf dem Flohmarkt oder einer Messe eine solche zu ergattern, sind historische Werkzeugkassetten, echte Schätzchen für jeden Restaurator und sehr begehrt auch bei Sammlern. Leider sind sie meist sehr teuer.

Das Schlüssel-Set von Campagnolo.

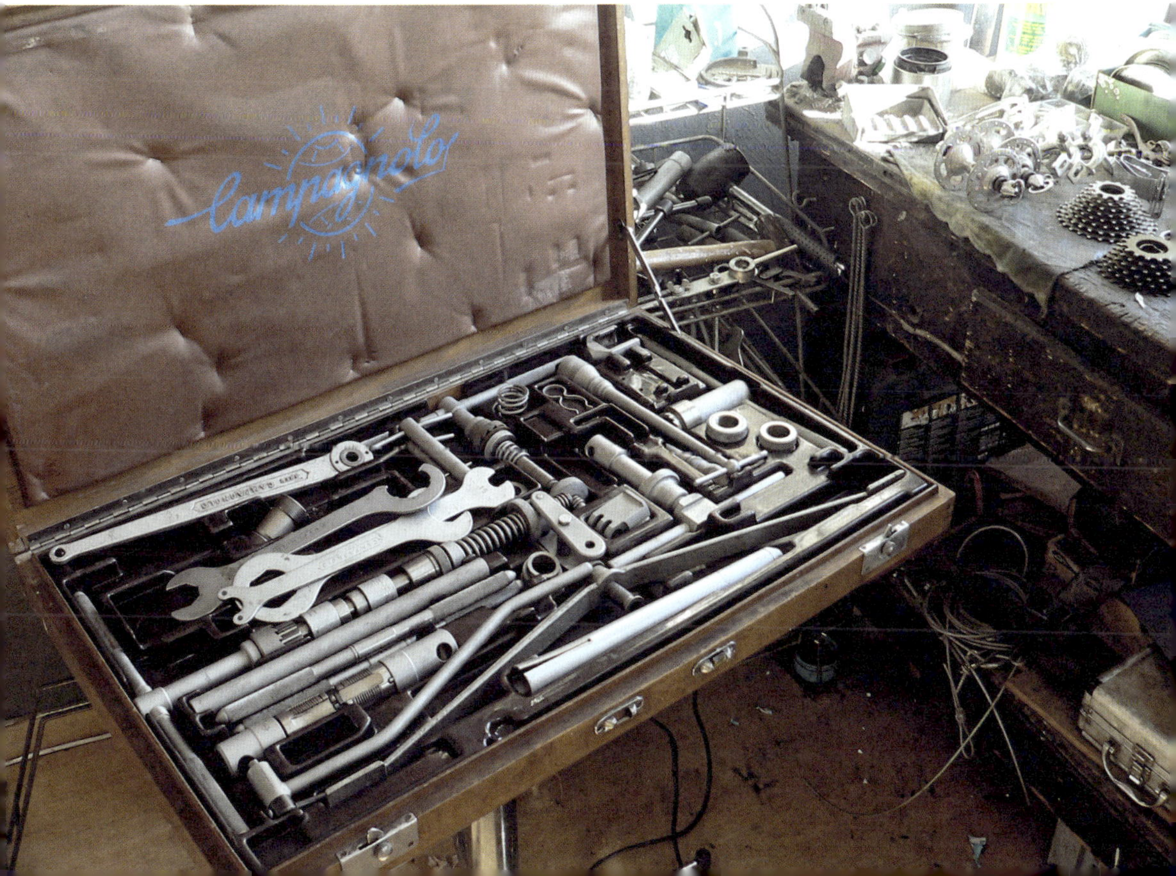

Oben: Zwei Kettennieter, einer für 1/8"-Ketten, der andere für 3/32"-Ketten.

Unten: Flachschlüssel für die Konen und Lagerschalen der Naben (links) und Abzieher, Schlüssel und anderes Spezialwerkzeug für den Ausbau von Keiltretlagern und Tretlagern mit Vierkantkonus (rechts).

Unverzichtbar sind ein Kettennieter bester Qualität und ein Satz Flachschlüssel speziell für Konus und Gegenkonus der Naben, die im Allgemeinen in den Maßen 13/14 und 15/16 Millimeter kombiniert sind. Ebenso grundlegend ist das Werkzeug für den Ausbau der Tretkurbeln, seien es nun Keil- oder Vierkantkurbeln. Für Keilkurbeln sind auch verschieden große Splinttreiber von Nutzen.

Multifunktionsschlüssel, die sich für verschiedene Schraubarbeiten eignen, finden sich in den kleinen Sattel-Werkzeugtaschen. Obwohl ihre Qualität meist nicht die beste ist, sind sie sehr nützlich, weil sie oft spezielle Größen enthalten, die anderswo schwer zu finden sind. Wann immer Sie einem solchen Schlüssel begegnen, sollten Sie ihn sorgfältig aufbewahren, denn er könnte Ihnen in vielen Situationen weiterhelfen.

Für die meisten Gewindesteuersätze, die vor den 1990er Jahren verbaut wurden, gibt es eine Reihe geeigneter Spezialwerkzeuge. Einige Modelle jedoch – ich denke da etwa an die Shimano-600-Gruppe oder gewisse Mavic-Modelle aus den 1980er Jahren – werden mit einer Kontermutter geschlossen, für die ein eigener Schlüssel nötig ist. Wie wir das Problem lösen, wenn wir diesen nicht haben, werden wir im nächsten Kapitel sehen, wenn wir die einzelnen Komponenten im Detail besprechen. Es kommt vor, dass einem ein Werkzeug fehlt, um ein bestimmtes Teil zu montieren oder zu demontieren. In diesem Fall muss man sich anders behelfen, dabei ist Erfindungsreichtum und Experimentierfreude gefragt. Oft ist es auch so – wie wir hier beim Werkzeug für den Steuersatz festgestellt

Einige Schraubenschlüssel, wie sie sich typischerweise in Satteltaschen-Sets finden. Beachten Sie die zwei speziellen Sattelschlüssel mit dem »Knick«, der das Schraubenlösen erleichtert.

Werkzeug für den Ein- und Ausbau des Steuersatzes. Das lange Werkzeug oben dient zum Einbau der Lagerschalen, die in das Steuerrohr eingepresst werden, während für den Ausbau das schwarze rohrförmige Werkzeug mit dem aufgefächerten Ende (rechts) verwendet wird. Die Rohrzange brauchen wir für gerändelte Verschlussmuttern, die oft schwer von Hand zu lösen sind. Die beiden Werkzeuge neben dem Hammer dienen demselben Zweck: d.h. Verschlussmuttern zu lösen und festzudrehen, diesmal Lochmuttern (die sich zum Beispiel oft an Steuersätzen von Bianchi aus den 1950er Jahren und auch bei anderen Modellen finden). Diese beiden Zangen sind nicht speziell dafür gedacht, doch sehr gut dafür geeignet. Dann sind da die üblichen flachen Maulschlüssel, normalerweise brauchen wir den 32-mm-Schlüssel. Die beiden U-förmigen Metallteile daneben dienen dazu, die untere Lagerschale des Steuersatzes, die direkt über der Gabelkrone sitzt, abzuziehen. Um diese Lagerschale wieder zu montieren, wird das zylinderförmige Werkzeug benötigt.

Das Werkzeug für den Ein- und Ausbau des Innenlagers. In der Mitte dieselben Maulschlüssel, die wir für den Steuersatz benötigen; hier kommt der Haken an der anderen Maulseite zum Einsatz, der zum Lösen und Festziehen des Konterrings an der linken Lagerschale dient. Auf dem Foto sind drei verschiedene Schlüssel mit unterschiedlichem Profil für verschiedene Arten von Ringen zu sehen. Manche Ringe hingegen sind einfach gerändelt und können mit der Rohrzange gelöst werden. Ebenfalls zum Lösen und Anziehen der linken Lagerschale dienen die beiden Stirnlochschlüssel unten im Bild. Die zwei Stifte an der rechten Seite der Schlüssel passen exakt in die Löcher an der Stirnseite der linken Lagerschale. Der dunklere der beiden Schlüssel hat zudem eine verstellbare Maulöffnung und kann somit verschiedene Modelle von Lagerschalen öffnen. Nachdem man den Konterring gelöst hat, lässt sich die linke Lagerschale im Allgemeinen leicht mit der Hand oder mit dem Stirnlochschlüssel abziehen. Ist sie jedoch festgebacken und bewegt sich nicht, so hilft spezielleres Werkzeug, nämlich das erste der Gruppe rechts im Bild, das sich auf alle sechs Löcher der Lagerschale aufsetzen lässt und, wenn richtig viel Kraft vonnöten ist, mit beiden Händen gedreht werden kann. Für die rechte Lagerschale, die meist auch schwerer zu lösen ist, ist anderes Werkzeug nötig. Manchmal gibt es spezielle Schlüssel für bestimmte Modelle oder Marken, doch für die meistverbreiteten Innenlager älterer Fahrräder werden die beiden Werkzeuge ganz links im Bild gebraucht. Der dritte Schlüssel dient demselben Zweck, ist aber nur für gewisse Marken und Typen geeignet. Für die moderneren Modelle, etwa ab den 1980er Jahren, werden spezielle Geräte wie die drei Schlüssel ganz rechts benötigt.

haben –, dass für Ein- und Ausbau desselben Teils zwei verschiedene Werkzeuge benötigt werden.

Allerdings werden wir nicht immer den ganzen Steuersatz demontieren müssen. Bei einer konservativen Restaurierung zum Beispiel muss, wenn es keine besonderen Probleme gibt, der Steuerbereich nur gereinigt und neu gefettet werden. Wir öffnen also nur die Kontermutter, ohne die Lagerschalen abzuziehen – dafür reichen Flachschlüssel oder Rohrzange.

Genau wie für den Steuersatz gibt es für das Innenlager eine Reihe von Spezialwerkzeugen. Auch hier gilt das schon Gesagte: Nicht alles ist von Anfang an unentbehrlich. Als ich mich aufs Restaurieren verlegte, besaß ich nicht mehr als ein paar der auf dem Foto gezeigten Schlüssel; erst im Laufe der Jahre kamen die anderen hinzu. Für den Anfang reichen zwei Schlüssel und eine Rohrzange. Das Innenlager ist das Herzstück des Fahrrads, sein Mittelpunkt. Es reagiert sehr sensibel auf die Umgebungsbedingungen und auf Regen, und das Tretlagergehäuse, in dem es untergebracht ist, ist ein entscheidender Teil des Rahmens. Sich mit der Zeit das notwendige Werkzeug für seine Wartung zu besorgen, ist also schon von grundlegender Bedeutung.

Beim Werkzeug für die Pedale ist vorauszuschicken, dass spezielle Pedalschlüssel meist mit den Pedalen mitgeliefert wurden. Jedes Pedal hat seine eigene Art von Endkappen und seinen eigenen speziellen Schlüssel, und es kommt selten vor, dass sich verschiedene Modelle ähnlich genug sind, um dieselben Schlüssel zu benutzen. Es ist jedoch so, dass sich, unabhängig vom Modell, die Staubkappen auch mit einer einfachen Spitz- oder Rohrzange öffnen lassen, während die Achse ebenso mit Hilfe einer Schraubzwinge demontiert werden kann. Aber natürlich erleichtern die passenden Schlüssel diese Arbeit. Meiner Erfahrung nach ist die Investition in einen professionellen Pedalschlüssel für den Ein- und Ausbau der Pedale eine Notwendigkeit. Beim Werkzeug für die Wartung der Pedale hingegen gibt es zahlreiche Alternativen, die alle gut funktionieren.

Auch für die Laufräder – bestehend aus Speichen, Felgen, Mänteln oder Schlauchreifen – gibt es allerhand spezielles Werkzeug.

Denken Sie daran, dass die Laufräder eine große Rolle für den Gesamteindruck des Fahrrads spielen. Die ästhetische Wirkung eines Paars ordentlich restaurierter Laufräder ist enorm. Das sollte man im Hinterkopf haben bei der Überlegung, ob Teile zu ersetzen sind oder es die alten doch noch tun.

Wann immer es möglich ist, sollten alle Elemente des originalen Laufrads erhalten und bloß gereinigt und auf Hochglanz poliert werden – was viel einfacher ist, wenn wir alles ordentlich auseinanderbauen. Das ist eine aufwendige und langwierige Arbeit, doch das Endergebnis spricht für sich. Außerdem haben wir auf diese Weise Gelegenheit zu lernen, wie ein Rad eingespeicht wird, wenn wir es

Dieses Bild illustriert meine persönlichen Erfahrungen mit Werkzeug für den Ein- und Ausbau der Pedale. Zu Beginn hatte ich mir ein Basis-Set besorgt, das auch die beiden schwarzen Schlüssel enthielt. Sie waren von schlechter Qualität und fast sofort rundgeschliffen. Außerdem haben sie auch einen zu kleinen und nicht funktionalen Griff. Daraufhin besorgte ich mir einen ähnlichen Schlüssel, den mit dem blauen Griff, der seine Aufgabe eine ganze Weile lang wunderbar erfüllt hat. Leider jedoch war die Metalllegierung auch hier nicht besonders gut, so dass er mit der Zeit dann doch ziemlich erledigt war. So begab ich mich auf die Suche nach einem Profiwerkzeug und habe dann endlich den einen Schlüssel gefunden (den ganz links, der komplett aus Metall ist), der mich immer noch zufriedenstellt. Er besteht aus einer sehr widerstandsfähigen Legierung und weist auch nach ein paar Jahren Benutzung noch keine Gebrauchsspuren auf. Der Griff ist sehr funktional und garantiert eine sichere Handhabung. Ganz rechts liegt ein älterer Maulschlüssel, auf dem eine Standard-Gewindegröße angegeben ist: 9/16" x 20 TPI. Tatsächlich treffen wir in den verschiedenen Gruppen unterschiedliche Gewindearten an. Die kleinen Schlüssel schließlich dienen speziell der Wartung der Pedale: Die Doppelschlüssel lösen die Staubkappe, die die Pedalachse schützen, und öffnen die Mutter, während der dritte Schlüssel dazu dient, bei diesem Vorgang die Achse festzuhalten.

Das Werkzeug für die Laufräder. Das größte Gerät auf dem Bild ist ein Zentrierständer. Er wird zusammen mit dem Nippelspanner verwendet, dem kreisrunden Utensil links daneben. Ohne diese beiden sind Aufbau und Wartung der Laufräder nicht möglich. Für die Pflege und Reparatur von Schlauchreifen oder der Schläuche bei Drahtreifen brauchen wir ein übliches Set aus Flicken und Spezialkleber. Für die Montage von Schlauchreifen muss ein eigener Kleber oder Kitt verwendet werden (die Tube neben dem Zentrierständer). Für diejenigen, die es ganz genau wissen wollen, habe ich auch die kleinen Korkstöpsel ins Bild gestellt (in der Kartonschachtel), die früher verwendet wurden, um die Speichenlöcher der Felge abzudichten. Auf diese Weise wurde verhindert, dass der Reifenkitt hervorquellen oder Wasser von außen eindringen konnte. Zudem wurde dadurch die Oberfläche, auf der der Kitt verstrichen wurde, gleichmäßiger, so dass der Schlauchreifen besser an der Felge haftete. Dieses scheinbar banale, doch tatsächlich sehr nützliche Zubehör ist schwer zu finden; zum Glück ist es leicht herzustellen. Unten links im Bild finden Sie drei unterschiedliche Reifenheber-Sets. Ich habe drei übliche Arten ins Bild gestellt, um die Bedeutung von gutem Werkzeug zu unterstreichen: Für manche Reifen reichen diese Plastik- oder Aluminiumheber nicht aus, weil sie sich leicht verbiegen oder brechen; der größere Heber rechts davon ist ein Profiwerkzeug und wirklich unzerstörbar.

Auf diesem Bild habe ich eine Vielzahl von Abziehern versammelt, die man zur Demontage des Zahnkranzpakets benötigt. In der Regel wurden sie mit den Schraubkränzen selbst verkauft, da jede Marke und jedes Modell seinen eigenen Abzieher erfordert. Ein weiteres Werkzeug zum Abziehen des Zahnkranzpakets ist die Kettenpeitsche, rechts im Bild.

wieder zusammenbauen. Das Einspeichen ist ein Arbeitsschritt, der viel Erfahrung und Können voraussetzt. Mehr noch: Ich persönlich halte es für eine Kunst und lasse es immer noch am liebsten von einem Profi machen.

Die letzte Gruppe von Spezialwerkzeugen dient dem Ausbau des Zahnkranzpakets. Ich muss zugeben, der Zahnkranzabzieher ist ein unterschätztes Gerät, doch mit der Zeit werden Sie ihn zu schätzen lernen. Er ist auch nicht ganz leicht zu finden, vielleicht weil er mit seiner geringen Größe leicht in der Vielzahl von Utensilien einer Werkstatt verloren geht. Beweisen Sie Geduld und versuchen Sie, mit der Zeit zumindest die Abzieher der wichtigsten Marken aufzutreiben. Auch früher schon hat die große Zahl verschiedener Modelle den Mechanikern nicht wenig Kopfzerbrechen bereitet, und ich bin nicht selten auf hausgemachte Lösungen für dieses Problem gestoßen. Gegen Ende der 1980er Jahre hat sich das erheblich gebessert, als sich die Hersteller endlich auf gemeinsame Standards für diese Komponente verständigen konnten und sich auch die Zahl der Abziehschlüssel entsprechend reduzierte.

Neben dem Zahnkranzabzieher ist, vor allem bei älteren Modellen, ein weiteres Gerät für Ein- und Ausbau von Schraubkränzen weitverbreitet: die Kettenpeitsche. Sie ist zweifellos das universellste Werkzeug, das man dafür verwenden kann, erfordert jedoch oft erheblichen Krafteinsatz. Ein passender Abzieher ist sehr viel einfacher und effizienter im Gebrauch.

Das war also ein Überblick über die wichtigsten Produkte, Werkzeuge und Hilfsmittel, über die eine ordentliche Werkstatt verfügen sollte und die wir in den einzelnen Phasen einer Restaurierung benötigen, ganz gleich ob diese konservativ, komplett oder kreativ erfolgt. Nachdem wir unseren Arbeitsplatz mit allem Notwendigen ausgestattet haben, sind wir nun endlich bereit … uns die Hände dreckig zu machen.

KONSERVATIVE RESTAURIERUNG

4

EROICA

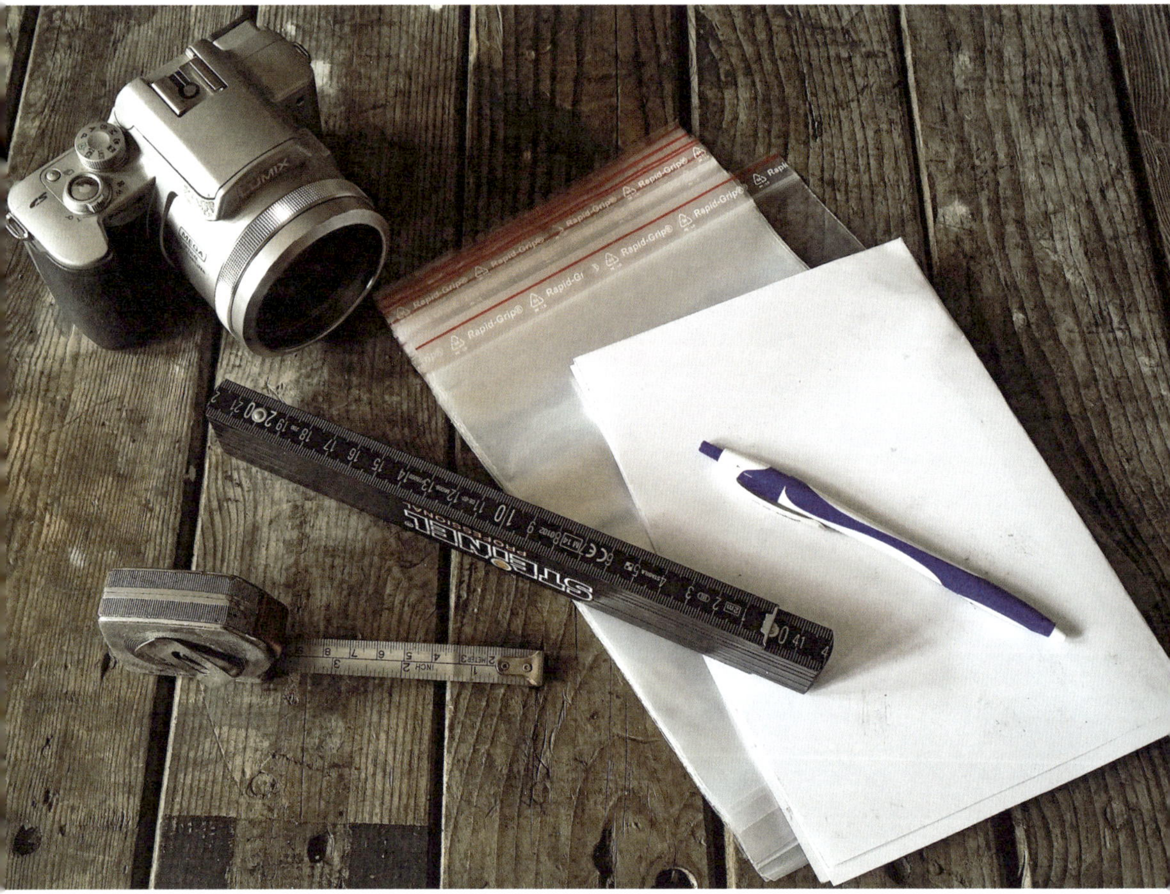
Rapid-Grip®

Eines muss ich an dieser Stelle gleich vorausschicken: Sehr vieles von dem, was in diesem Kapitel über die konservative Restaurierung gesagt wird, gilt ganz genauso für die Komplettrestaurierung und die kreative Restaurierung, von denen im nächsten Kapitel die Rede sein wird. Mehr noch, einige der hier beschriebenen Vorgänge gehören zur grundlegenden Wartung eines Fahrrads. Reinigen, Schmieren und die Überprüfung der Mechanik sind Dinge, die unverzichtbar sind, um die Funktionstüchtigkeit eines Rades sicherzustellen, ganz unabhängig von einer Restaurierung.

Fotografische Dokumentation und Datenblätter. Meine zweite große Leidenschaft neben den Fahrrädern ist die Fotografie – und oft lässt sich beides wunderbar vereinbaren. Fotos zu schießen, ist in jeder Phase der Restaurierung unverzichtbar. Vom Anfang bis zum Ende dienen sie nicht nur zur Dokumentation und Archivierung der fertigen Arbeit, sondern auch als Erinnerungsstütze, etwa um ausgebaute Teile wieder korrekt einzubauen. Gar nicht zu reden davon, dass Fotos die wirkungsvollste Art sind, seine Arbeit in den sozialen Netzwerken zu präsentieren. Und natürlich ist es heute sehr viel einfacher als früher, Bilder zu machen. Es ist keine professionelle Ausrüstung mehr nötig, es reicht ein einfaches Smartphone, um erstklassige Ergebnisse zu erzielen.

Vom ersten Moment an, in dem Sie vielleicht noch unentschlossen sind, ob Sie ein bestimmtes Fahrrad kaufen sollten oder nicht, um es zu restaurieren, sind Fotos hilfreich – etwa um sie einem Freund oder Kollegen zu zeigen, der bei der Einschätzung helfen kann. Manchmal reichen Worte nicht aus, um den Zustand eines Gegenstands zu beschreiben.

Es ist mittlerweile zu einer festen Gewohnheit für mich geworden, die Arbeit an einem Fahrrad stets mit einer Serie von Fotografien zu beginnen, um mir ein genaues Bild von seinem Allgemeinzustand zum Zeitpunkt der Übernahme zu machen. Dabei versuche ich, alle Teile zu zeigen, die restauriert werden müssen: den Rahmen, die Mechanik und die Laufräder. Meist schieße ich bei Beginn der Arbeit etwa fünfzig Fotos und noch einmal so viele, wenn ich fertig bin. Dazwischen kommt es vor, zum Beispiel bei der Reinigung, dass Komponenten in alle Einzelteile zerlegt werden müssen, so dass Fotos sehr hilfreich sein können, um sich beim Einbau an die richtige Reihenfolge zu erinnern.

Sobald Sie eine gewisse Zahl an Restaurierungen hinter sich haben, hilft Ihnen Ihr persönliches Fotoarchiv, sich an Rahmen, Komponenten und Details jedes einzelnen Fahrrads zu erinnern, und kommt so auch der Qualität Ihrer Arbeit zugute. Zudem sorgen Sie auf diese Weise auch für eine historische Dokumentation, die andernfalls verloren ginge. Die Bilder einer fertigen Restaurierung zu teilen, gibt anderen die Möglichkeit, Informationen zu sammeln und sich auf Ihre Arbeit zu beziehen. Wenn man selbst zu Beginn seiner Karriere so sehr vom Internet profitiert, ist es nur rechtschaffen, auch selbst seine Arbeit ins Netz zu stellen und zu teilen.

Also: Auch ein Fotoapparat oder Smartphone gehört zu den unverzichtbaren Werkzeugen für eine Restaurierung.

Zusätzlich zu den Dokumentationsbildern ist es sinnvoll, gleich zu Beginn ein eigenes Datenblatt für jedes Fahrrad anzulegen. Außer Marke, Modell und Maßen notieren wir die wichtigsten Probleme, die sich stellen, welche Teile zu ersetzen sind oder fehlen und welche Arbeiten anstehen. Ich persönlich beginne niemals mit einer Restaurierung, wenn ich nicht sicher bin, alle passenden Komponenten zu finden, um das Projekt zu beenden. Vor allem für die konservative Restaurierung von Rädern aus den 1930er oder 1940er Jahren – oder noch älteren – ist es oft schwer, noch Originalteile zu finden, und wenn, dann sind sie teuer. Schwarz auf weiß aufzulisten, was uns an Problemen erwartet und welche Teile besorgt werden müssen, gibt uns eine genauere Vorstellung vom Zeit- und Kostenaufwand, der auf uns zukommt, und erleichtert die Organisation der Arbeit.

Um das Datenblatt so gut wie möglich zu vervollständigen, blättere ich alte Kataloge oder zeitgenössische Magazine durch. Unmengen von Informationen finden sich auch im Internet, sowohl auf den Seiten der Herstellerfirmen als auch in den zahllosen Foren und Gruppen, die sich der Restaurierung historischer Fahrräder widmen. Vor allem wenn Sie noch ganz am Anfang stehen, sollten Sie sich mit anderen austauschen, die über mehr Erfahrung verfügen. Möglichst viele Informationen aus möglichst verschiedenen Quellen zu sammeln, verbessert Ihr Wissen und sichert dessen Korrektheit. Um es ganz klar zu sagen: Vielleicht hätte das Interesse an historischen Fahrrädern ohne das Netz und die Netzwerke niemals einen solchen Boom erfahren. Ohne das Internet könnten viele Restaurierungen gar nicht beendet werden, weil es so schwierig wäre, die Komponenten zu finden, die einst nur in direkter Nähe ihrer Herstellungsorte vertrieben wurden. Früher standen uns nur

Einige Bilder eines Fahrrads vor Beginn der Restaurierungsarbeit.

Flohmärkte, Ausstellungen und Tauschmessen zur Verfügung. Heute ist das alles sehr viel einfacher geworden, mitunter kann die Fülle an Informationen aber auch eher verwirrend sein...

Neben alten Magazinen und Katalogen und den Quellen im Internet gibt es auch etliche Bücher über historische Fahrräder. Bevor wir uns die Hände dreckig machen, kann es sich lohnen, die Augen mit guter Lektüre zu schärfen.

Ausbau der Komponenten. Beim Auseinanderbauen eines Fahrrads befolge ich immer eine ganz bestimmte Reihenfolge, die mir am logischsten erscheint. Das ist meine persönliche Herangehensweise – und natürlich steht es jedem frei, anders vorzugehen. Zwei Dinge muss ich noch vorausschicken. Erstens: Auch wenn einige Schritte ganz einfach und intuitiv erscheinen mögen, gibt es andere, die komplizierter sind. Vor allem beim ersten Mal und wenn Sie sich bei dem, was Sie tun, nicht sicher sind, sollten Sie nicht zögern, sich helfen zu lassen. Zweitens: Auch wenn – je nachdem, in welchem Zustand sich das Rad befindet – einige Teile vielleicht gar nicht unbedingt ausgebaut und gereinigt werden müssten, habe ich mir doch angewöhnt, prinzipiell alles zu zerlegen, so dass ich sicher bin, jedes einzelne Teil geprüft zu haben.

Bevor wir beginnen, bereiten wir eine Plastikwanne vor, in die wir alle ausgebauten Komponenten hineinlegen, und legen verschließbare Plastikbeutel für alle Kleinteile wie Schrauben, Muttern und Lagerkugeln bereit. Außerdem ist es sinnvoll, vor Beginn alle Schrauben und Gewinde an den Komponenten mit einem Multifunktions-Kriechöl zu benetzen und dieses einige Minuten einwirken zu lassen. Das wird uns den Ausbau erheblich erleichtern, vor allem wenn bereits Rost und Oxydation im Spiel sind. Empfindliche Teile wie Sattelstütze, Vorbau und Pedale sollten am besten in Öl schwimmen.

Nun bauen wir die Laufräder aus und spannen den Rahmen im Montageständer oder einem gleichwertigen Ersatz ein.

Nachdem das Kriechöl seine Wirkung entfaltet hat, kappen wir mit dem Seitenschneider alle vorhandenen Brems- und Schaltzüge und ziehen sie aus den Hüllen. Dann nehmen wir den Kettennieter, um die Kette zu lösen. Manche Ketten sind

mit einem Kettenschloss versehen, das auch ohne Kettennieter, nur mit Hilfe einer Zange oder eines Schraubendrehers, geöffnet werden kann.

Nun demontieren wir die verschiedenen Teile, beginnend mit Sattelstütze und Sattel, bis wir schließlich beim Innenlager landen. Sattelstützen waren bis in die 1950er Jahre normalerweise aus Stahl, danach meist aus Aluminium gefertigt. Wenn das Rad nicht regelmäßig gewartet wurde, kann dieses Teil unabhängig vom Material so sehr oxydiert sein, dass es schwer auszubauen ist.

Je nach Art und Baujahr des Fahrrads kann die Sattelstütze auf unterschiedliche Weise fixiert sein (mit Inbusschraube, mit Schraube und Mutter etc.). Wir lösen die verwendete Klemmung und ziehen die Sattelstütze mitsamt Sattel heraus, so dass wir uns mit diesem behelfen können, falls wir Kraft anwenden müssen. Gibt es keine größeren Rost- oder Oxydationsprobleme, sollte die Sattelstütze leicht zu entfernen sein. Erst dann montieren wir den Sattel ab. Es gibt eine riesige Zahl an unterschiedlichen Sattelmodellen und fast ebenso mannigfaltig sind die Arten, diesen zu befestigen – manchmal sind Spezialschlüssel nötig.

Sollte sich die Sattelstütze weder herausziehen noch drehen lassen, haben wir ein ernsthaftes Problem, das auf verschiedene Arten gelöst werden kann. Beginnen wir mit der einfachsten. Dafür allerdings sollte das Rad bereits ganz zerlegt sein, um sicherer arbeiten zu können und vor allem, damit das Tretlagergehäuse zugänglich ist. Wenn das Innenlager entfernt ist, können wir das Rad kopfüber einspannen und ein Schmiermittel in das Sitzrohr laufen lassen, um die festsitzende Sattelstütze von der anderen Seite zu erreichen. Ich empfehle, reichlich Kriechöl zu verwenden und es im kopfüber fixierten Rahmen mindestens zwölf Stunden einwirken zu lassen.

Lässt sich das Problem damit nicht lösen, müssen wir brutaler vorgehen. Wir entfernen den Sattel, so dass nur die Sattelstütze im Rohr stecken bleibt, drehen wiederum das Rad um und spannen die Sattelstütze, mit dem kompletten Rahmen daran, kopfüber in einem Schraubstock ein. Dabei sollten die Aluminiumbacken zum Einsatz kommen, die verhindern, dass wir die Sattelstütze ramponieren. Nun üben wir mit beiden Händen Druck auf den Rahmen aus und versuchen – vorsichtig, um weder

COLNAGO

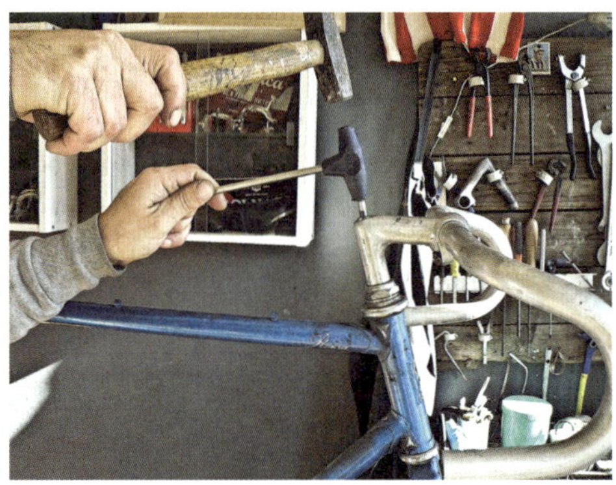

die Sattelstütze abzubrechen, noch den Rahmen zu beschädigen –, diesen erst seitlich zu drehen und, wenn er sich bewegt, nach oben hin abzuziehen.

Funktioniert auch das nicht, setzen wir den Fön ein. Metalle dehnen sich aus, wenn sie erhitzt werden; damit lassen sich so einige Probleme lösen. Erhitzen Sie das Sitzrohr und die Sattelklemme, bis das Metall so heiß ist, dass man es gerade noch berühren kann, um den Lack nicht zu beschädigen, und versuchen Sie dann, die Sattelstütze seitlich im Rohr zu drehen. Normalerweise sollte es an diesem Punkt mit etwas Geduld und Krafteinsatz gelingen, die Stütze herauszuziehen. Nur ein paar Mal ist es mir passiert, dass die Sattelstütze im Rohr abgebrochen ist: Auch mit dieser Art von Verlusten muss man bei einer Restaurierung leider rechnen.

Nun entfernen wir den Vorbau, samt Lenker und Bremshebeln. Auch der Vorbau ist im Allgemeinen mit einer Mutter oder einer Inbusschraube befestigt. Nachdem wir diese gelockert haben, prüfen wir, ob sich der Vorbau schon bewegen und ausbauen lässt. Ist das der Fall, so klopfen wir mit dem Hammer leicht auf die Schraube oder den Inbusschlüssel, um den Klemmkeil zu lösen, so dass der Vorbauschaft frei kommt und wir ihn herausziehen können. Bewegt er sich hingegen nicht, so drehen wir wiederum den Rahmen um und schmieren das Innere der Gabel durch die untenliegende Öffnung, lassen das Schmiermittel einwirken und wiederholen die Aktion.

Ist der Vorbau ausgebaut, können wir das Lenkerband und die Bremshebel entfernen. Auch bei den Bremshebeln sind je nach Modell und Baujahr verschiedene Arten von Schraub- oder Inbusverbindungen gebräuchlich, sehr oft sind sie mit einer Mutter verschlossen. Ist diese Verbindung gelockert, so kann der Bremshebel samt der lockeren Halterungsschelle abgezogen werden. Soll das Lenkerband hingegen nicht ersetzt werden, so schrauben wir den Bremshebel ganz ab und lassen die Schelle am Lenker.

Sobald die Bremshebel entfernt sind, können wir den Lenker vom Vorbau abschrauben. Auch die Lenkerklemmung ist bei älteren Fahrrädern generell mit einer Mutter oder einer Inbusschraube verschlossen.

Bis hierhin benötigen wir kein anderes als das allgemein übliche Werkzeug und sollten nur in Ausnahmefällen auf besondere Probleme stoßen. Dasselbe gilt für die Demontage der Bremszangen, der Pedale, der Schaltgruppe und von etwaigem Zubehör wie Schutzblechen, Kettenschutz, Gepäckträger, Beleuchtung und Dynamo. Hier sind

im Allgemeinen bloß Schrauben und Muttern zu lösen. Das einzige Problem, das auftreten kann, da diese Teile meist sehr der Witterung ausgesetzt sind, sind stark verrostete oder schon ausgeleierte und rundgeschliffene Schrauben und Muttern. In diesem Fall empfiehlt es sich, zunächst Schmutz und Rost zu entfernen und dann mit einer gewissen Umsicht vorzugehen.

Wenn das zu restaurierende Fahrrad über eine Gangschaltung verfügt, entfernen wir das Schaltwerk, den Umwerfer und die Schalthebel – lauter einfache, intuitive Vorgänge. Um die vorderen und hinteren Bremszangen auszubauen, müssen wir wiederum, je nach Art, Modell und Baujahr des Fahrrads, Schraubenmuttern oder Inbusschrauben lösen.

Weiter geht es mit den Pedalen, die gelegentlich eine echte Herausforderung darstellen. Das zu Beginn aufgetragene Schmiermittel sollte mittlerweile jede Art von Rost und Oxydation gelöst haben, dennoch empfiehlt es sich, präzise vorzugehen und einen ordentlichen Schlüssel zu verwenden, denn bei der Kraft, die wir hier anwenden müssen, besteht stets die Gefahr, weniger gute Schlüssel zu

zerbrechen. Ich erinnere daran, dass sich das rechte Pedal löst, indem man den Schlüssel gegen den Uhrzeigersinn dreht, wie jede andere Schraube, das linke Pedal aber mit dem Uhrzeigersinn gelöst werden muss.

Dann kommen die Kurbeln dran. Anders als bei allen bisherigen Schritten benötigen wir nun einen speziellen Abzieher. Auch diese Komponente hat im Laufe der Jahre verschiedene Entwicklungen erfahren: Bis in die 1960er Jahre war das verbreitetste Modell das Keiltretlager, das dann mehr und mehr durch den Vierkantkonus ersetzt wurde; diese beiden Befestigungsarten begegnen uns am häufigsten bei den Fahrrädern, die wir restaurieren. Auch das Material hat sich geändert: Vom Stahl, der bis zum Ende der 1950er Jahre üblich war, ging man zum leichteren Aluminium über. Die Kurbeln aus Aluminium sind generell mit einer Schraube befestigt, die direkt in die Tretlagerachse geschraubt und im Allgemeinen mit einer Abdeckkappe geschützt ist. Je nach Marke unterscheiden sich diese Staubkappen in ihrem Material und der Art des Verschlusses. Es gibt sie als Inbus, Zweilochmutter oder als Schraubverschluss, der sich mit einer Münze öffnen lässt. Für die Zweilochmuttern gibt es einen passenden Schlüssel; wenn wir einen solchen nicht bei der Hand haben, können wir uns auch mit zwei Nägeln oder den Spitzen einer kleinen Zange behelfen. Sind die Abdeckkappen entfernt, schrauben wir erst – mit dem passenden Schlüssel oder aber einem einfachen Rohrsteckschlüssel – die Schraube der rechten Kurbel, dann die der linken Kurbel ab.

Nachdem wir beide Kurbelschrauben entfernt haben, ziehen wir die Kurbeln mit dem passenden Abzieher ab; dann entfernen wir die Kettenblätter von der rechten Kurbel. Dafür müssen wir bloß die Inbusschrauben lösen, doch manchmal passiert es, dass diese frei drehen. In diesem Fall hilft uns der Stirnlochschlüssel weiter, den wir zuvor vielleicht schon für die Zweilochmuttern benutzt haben und dessen anderes Ende dazu geeignet ist, Inbusschrauben festzuhalten.

COLNAGO
ERNESTO

COLNAGO
ERNESTO

COLNAGO
ERNESTO

Haben wir es hingegen mit einem Keiltretlager zu tun, so lockern wir zunächst die Verschlussmutter, ohne sie ganz aufzuschrauben. Ich empfehle, sie ordentlich in Kriechöl zu baden und dieses einige Minuten einwirken zu lassen. Dann klopfen wir mit dem Hammer und einer gewissen Entschlossenheit auf die Sicherungsmutter, um den Keil zu lockern, schrauben die Mutter ganz ab und schlagen nun den Hammer auf einen Splinttreiber, um den Keil ganz auszutreiben. Die Mutter zunächst aufgeschraubt zu lassen, verhindert, dass wir mit dem Gehämmer das Gewinde beschädigen. Diese Aktion kann manchmal ein wenig schwierig sein und erfordert auch etwas Kraft, doch mit Hilfe von reichlich Schmiermittel ist sie im Allgemeinen zu bewältigen. Leider gehen die Keile bei der Kraft, mit der sie ausgeschlagen werden müssen, sehr oft kaputt und sind dann zu ersetzen.

Ist die Tretkurbel abgezogen, bleiben uns noch das Innenlager und der Steuersatz auszubauen, vermutlich die beiden komplexesten Aufgaben, vor allem wenn einem das nötige Spezialwerkzeug fehlt.

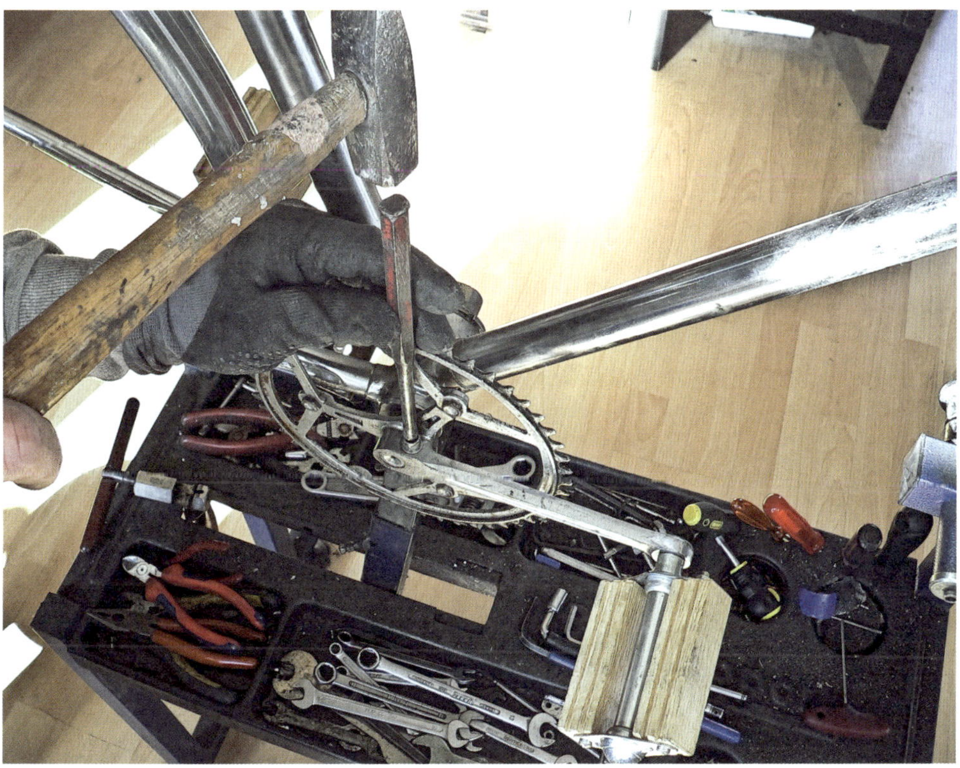

DIE KOMPONENTEN DES STEUERSATZES

(VON OBEN NACH UNTEN)

- KONTERMUTTER
- SPACER/DISTANZRING
- KONUSMUTTER (EINSTELLBAR)
- KUGELRING
- OBERE LAGERSCHALE
- UNTERE LAGERSCHALE
- KUGELRING
- GABELKONUS

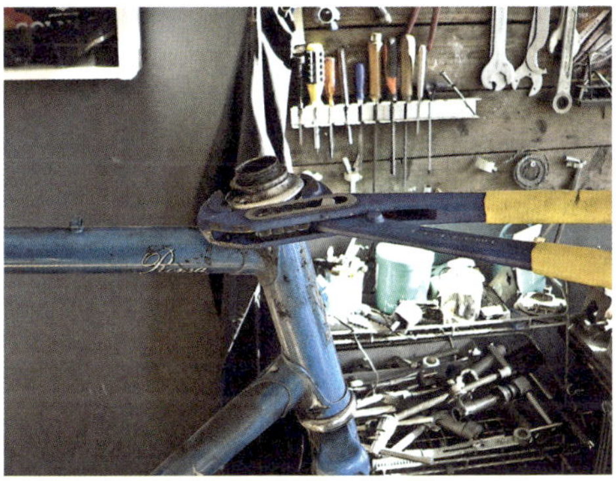

Zum Steuersatz muss ich noch etwas vorausschicken. Bei der konservativen Restaurierung müssen wir den Steuersatz nicht ganz auseinandernehmen. Um seinen Zustand zu überprüfen, reicht es zunächst, die Kontermutter und die Konusmutter abzuschrauben (wenn Ihnen diese Komponenten nichts sagen, können Sie sich an dem Tafelbild auf der linken Seite orientieren). Nur wenn wir nach sorgfältiger Begutachtung feststellen, dass die Lagerschalen innen abgenutzt und folglich zu ersetzen sind, bauen wir den Steuersatz ganz aus (davon wird später noch die Rede sein, in Kapitel 6). Wichtig zu wissen ist jedenfalls, dass der Steuersatz nicht nur durch das Rotieren der Laufräder beansprucht wird, sondern auch durch die Schwingungen und Schläge, die von der Gabel übertragen werden.

Nach dieser kleinen Vorrede kommen wir zum Ausbau des Steuersatzes. Wir öffnen die Kontermutter mit dem passenden Schlüssel, dasselbe machen wir mit der Konusmutter. Überflüssig zu erwähnen, dass es auch hier verschiedene Arten und

Modelle gibt; im speziellen Fall beziehen wir uns auf ein Rad, das vor den 1960er Jahren gebaut wurde. Die Konusmutter ist gerändelt und kann meist mit bloßen Händen abgeschraubt werden. Sollten wir doch auf Schwierigkeiten stoßen, können wir uns mit der Rohrzange behelfen. Zwischen der Kontermutter und der Konusmutter kann noch ein Distanzring liegen, der nur abzuziehen ist. Sind die beiden Muttern und der eventuell vorhandene Spacer entfernt, können wir die Gabel abziehen und alle weiteren Teile auf ihren Zustand untersuchen. Insbesondere stoßen wir nun auf die Kugeln, die in einem Käfig oder aber – vor allem bei Rädern, die vor den 1960er Jahren gebaut wurden – lose gelagert sein können; in diesem Fall sollten wir mit einem einfachen Magneten verhindern, diese Kleinstteile in der ganzen Werkstatt zu verstreuen.

Sollte sich die Konusmutter selbst mit der Rohrzange nicht lösen lassen, müssen wir eine brutalere Methode anwenden: Wir drehen den Rahmen um und fixieren die Konusmutter im Schraubstock, wobei wir wie immer darauf achten, die Aluminiumbacken zu verwenden, um sie nicht zu beschädigen. Dann stecken wir ein Stück Holz oder ein Hartplastikrohr durch die Gabel und versuchen sie mit Hilfe dieses Hebels zu drehen. Angesichts der Vielzahl von Modellen und der verschiedenen Arten von Steuersätzen passiert es oft, dass der passende Schlüssel nicht zur Hand ist; auf die geschilderte Weise lässt sich, auch wenn sie ein wenig brutal ist, das Problem meist gut lösen.

Nun sollten uns alle Teile des Steuersatzes frei zugänglich sein, so dass wir die Laufflächen der Kugeln auf Abnutzungsspuren untersuchen können und dann entweder mit deren Reinigung und Schmierung fortfahren oder aber, falls notwendig, diese ersetzen.

Und schließlich kommen wir zum Innenlager, dem Herzstück der Fahrradmechanik. Wie beim Steuersatz sollten auch hier alle Teile überprüft, gereinigt und neu gefettet werden. Dafür ist Spezialwerkzeug nötig, und wie immer sollten Sie nicht zögern, einen Fachmechaniker zurate zu ziehen, wenn Sie noch keine Erfahrung damit haben. Ein schlecht ausgeführter Innenlagerausbau oder -einbau kann zu einer Reihe von Problemen und Schäden führen, die besser vermieden werden sollten. Auch für das Innenlager gilt, was ich schon mehrmals über die Vielzahl von Modellen und Bauarten gesagt habe. Generell können nur klassische Konuslager mit losen Kugeln geöffnet und gründlich gewartet werden, nicht aber Patronenlager oder Industriekugellager.

Wir beginnen, indem wir den Konterring der linken Lagerschale abschrauben. Wenn wir einen Hakenschlüssel zur Hand haben, ist das einfach, doch wenn uns dieses spezielle Werkzeug fehlt, können wir auch hier die Rohrzange nehmen. Ist der Konterring entfernt, schrauben wir die linke Lagerschale mit dem passenden Schlüssel los, möglichst, nachdem wir das freiliegende Gewinde geschmiert haben, um die Operation zu erleichtern. Nun ziehen wir die Welle heraus, die eventuell vorhandene Manschette und die Kugeln oder Kugelringe; auch hier sollten wir, wenn wir es mit losen Kugeln zu tun haben, einen Magneten bereithalten, um sie aufzusammeln. Nun müssen wir nur noch die rechte Lagerschale abschrauben. Auch hier schmieren wir, bevor wir beginnen, gründlich den ganzen Bereich, den wir nun direkt vom Inneren des Tretlagergehäuses aus erreichen. Nach ein paar Minuten Einwirkzeit setzen wir ein Werkzeug an, das ich für diese Aufgabe für unverzichtbar halte. Es hält die rechte Lagerschale mit Hilfe einer Drehachse fest, die von der linken Seite im Inneren des Gehäuses gegengeschraubt wird. Ist die Lagerschale auf diese Weise blockiert, kann man sie mit beiden Händen abschrauben; wenn nötig, indem man den

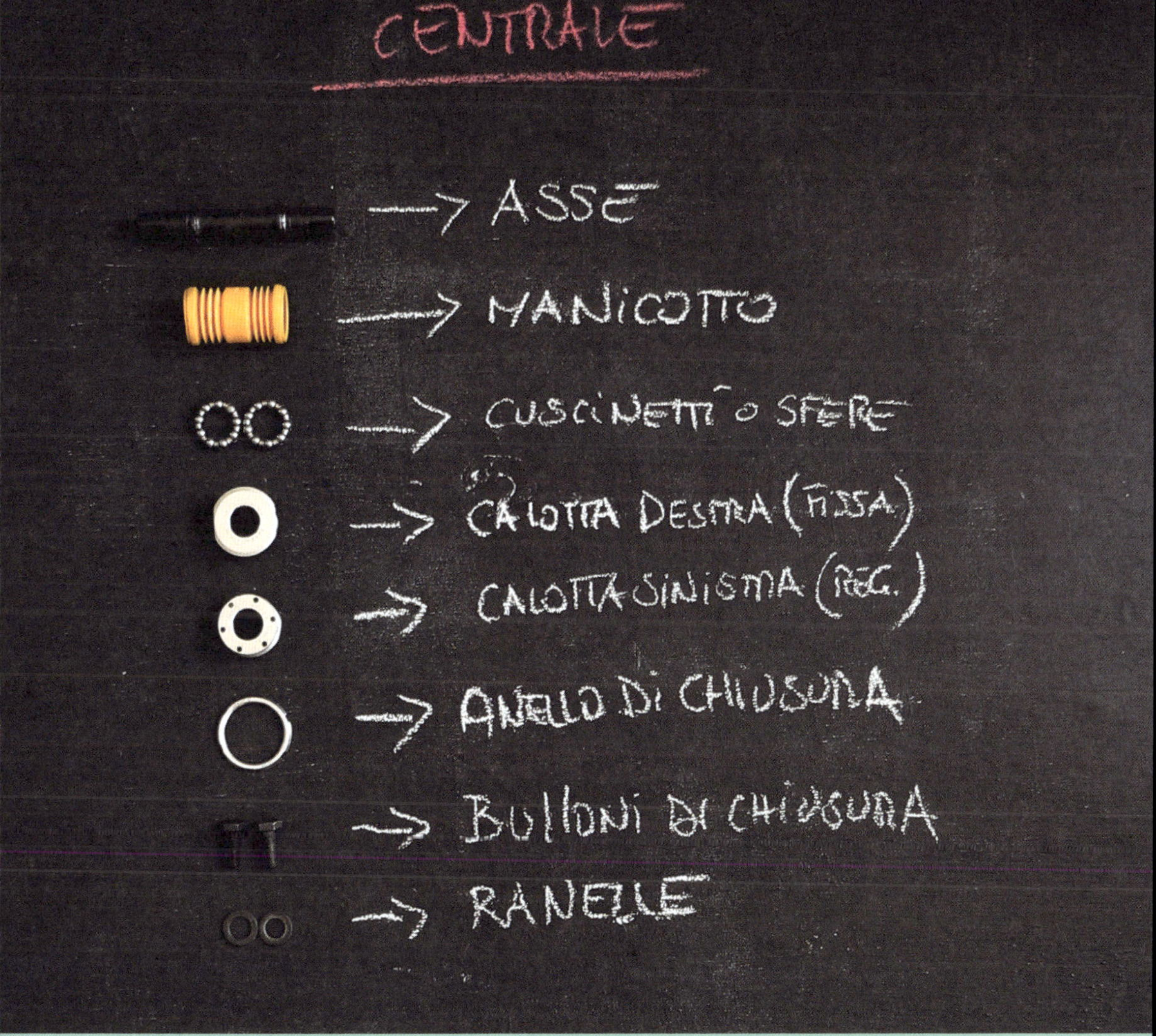

DIE KOMPONENTEN DES INNENLAGERS

(VON OBEN NACH UNTEN)

- WELLE
- MANSCHETTE/INNENLAGERHÜLSE
- KUGELRINGE
- RECHTE LAGERSCHALE (FEST)
- LINKE LAGERSCHALE (EINSTELLBAR)
- KONTERRING
- KURBELSCHRAUBEN
- UNTERLEGSCHEIBEN

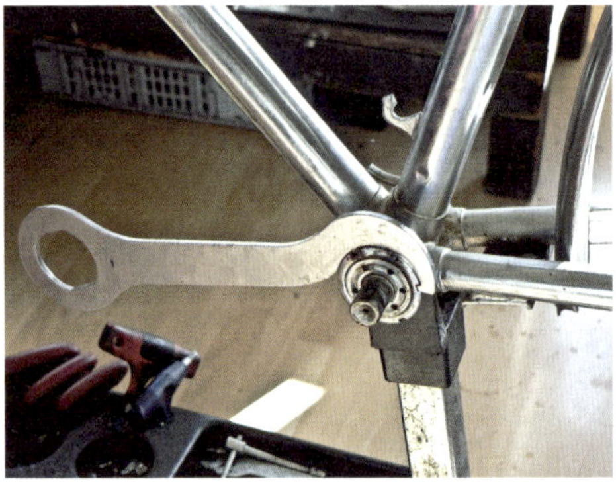

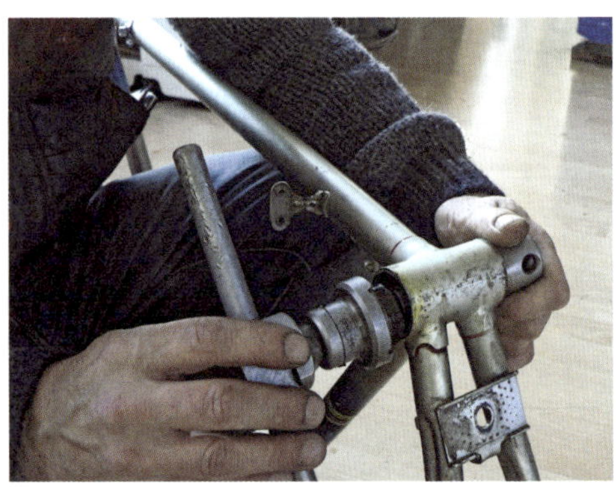

Hebel des Werkzeugs in den Schraubstock einspannt. Das Abschrauben der rechten Lagerschale erfordert absolut die meiste Kraft und ist ohne dieses spezielle Gerät kaum zu bewältigen.

Nun sind wir mit dem Ausbau der Komponenten fertig und können endlich damit beginnen, diese genau zu untersuchen und zu überprüfen, und sie dann zu reinigen und zu polieren. Auch der Rahmen ist bereit für die Reinigung und die Überprüfung auch kleinster Details.

Das Fahrrad ist nun in drei Gruppen unterteilt: die ausgebauten Komponenten, der Rahmen mit der Gabel und die Laufräder. Ich bemühe mich immer, die größten und kniffligsten Probleme zu benennen, die bei jedem Arbeitsschritt auftreten können, doch oft machen uns ganz allgemeine Dinge Schwierigkeiten: Abgenudelte Schrauben, ausgeleierte Gewinde, abgeschliffene Muttern etc. sind leider unser täglich Brot, wenn wir diesen Beruf ausüben. Mit Erfahrung, Geduld und Ruhe lassen sich aber auch unvorhergesehene Hindernisse ausräumen. Zu Beginn werden Sie unweigerlich Fehler machen, doch das sollte Sie nicht entmutigen, sondern im Gegenteil anspornen, aus diesen Fehlern für das nächste Mal zu lernen.

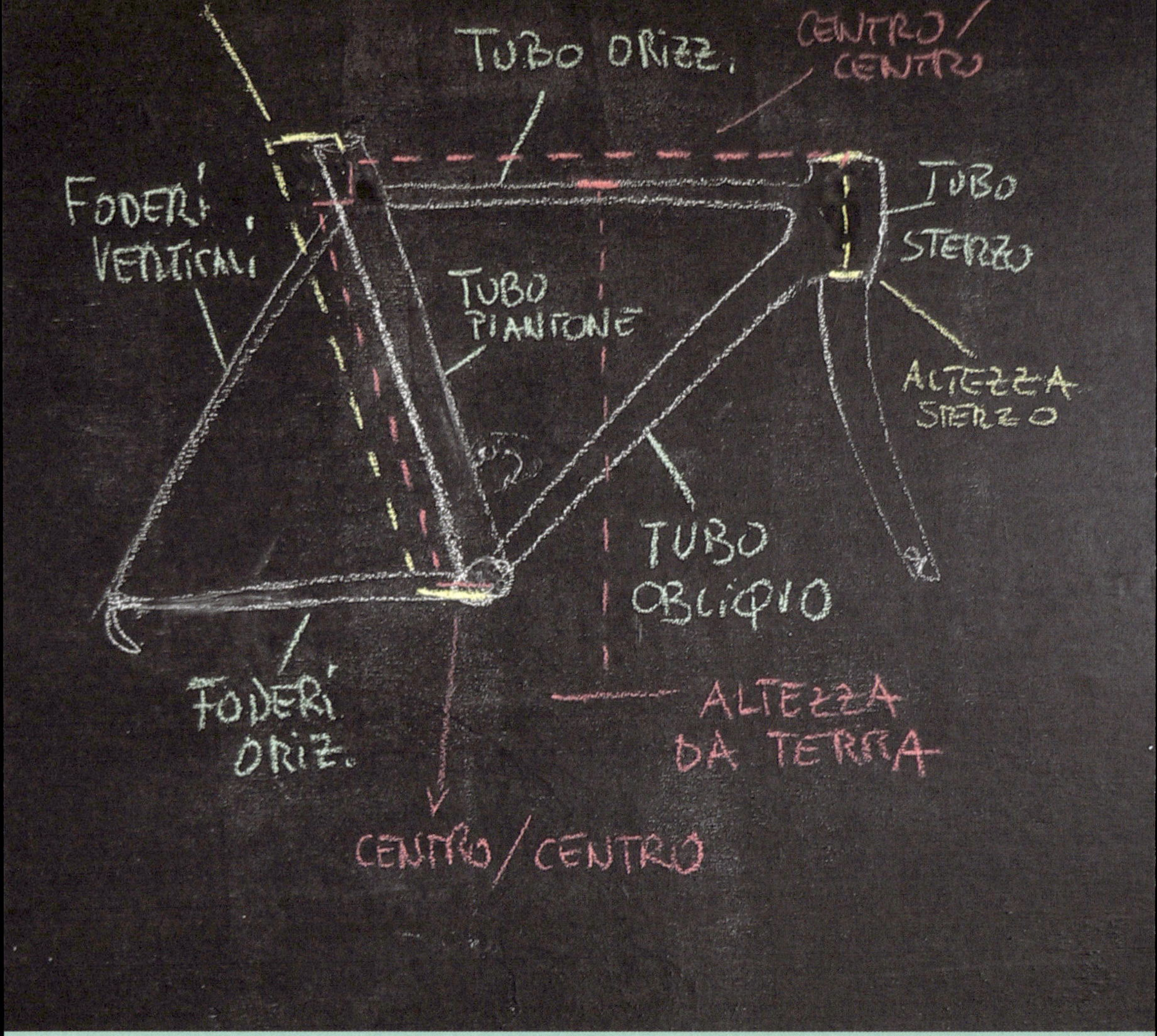

BESTANDTEILE DES RAHMENS UND VERSCHIEDENE RAHMENMASSE

(JEWEILS IM UHRZEIGERSINN VON OBEN)

- OBERROHR
- STEUERROHR
- UNTEROHR
- SITZSTREBEN
- KETTENSTREBEN
- SITZROHR

- OBERROHRLÄNGE
  (MITTE SITZROHR – MITTE STEUERROHR)
- STEUERROHRLÄNGE
- OBERROHRHÖHE VOM BODEN
- SITZROHRLÄNGE
  (MITTE INNENLAGER – ENDE SITZROHR)
- SITZROHRLÄNGE ITALIENISCH
  (MITTE INNENLAGER – MITTE OBERROHR)

Reinigung des Rahmens. Das ist der Arbeitsschritt, bei dem wir die Eigenheiten des Rads, das wir in Händen halten, am besten zu schätzen lernen. Der Rahmen ist nicht nur das Skelett eines Fahrrads, sondern vor allem seine Seele. Und in vielen Fällen ein wahres Kunstwerk. Ob er von einem Meister dieses Handwerks konstruiert worden ist, können wir an Details ablesen: der Feilarbeit, der Schlankheit der Verbindungen, der Präzision, mit der die Rohre zusammengefügt sind. Kurzum, mit der Reinigung des Rahmens tritt seine Schönheit deutlicher hervor und damit auch das Können seines Erbauers. Mit der Zeit werden Sie Details wahrnehmen, die nicht sofort ins Auge fallen.

In dieser Phase prüfen wir auch, ob der Rahmen kleine Schäden wie Macken, Risse oder dergleichen aufweist. Wir sollten nie vergessen, dass der Rahmen einer großen Zahl von Belastungen ausgesetzt ist (Vibration, Schwingungen, Stöße…), und daher stets gründlich prüfen, ob alles in Ordnung ist. Wir kontrollieren auch den Zustand der Gewinde, sei es im Tretlagergehäuse, sei es an der Gabel. Wenn sie in schlechtem Zustand sind, empfiehlt es sich, abgenutzte Partien nachzuschneiden. Wenn Sie über das geeignete Werkzeug verfügen, sollten Sie auch die korrekte Ausrichtung der Sitz- und Kettenstreben überprüfen. Bei der Gabel kontrollieren wir neben dem Zustand des Gewindes auch, ob die Rohre verzogen, gebogen oder auf andere Weise beschädigt sind. Soweit möglich, sollte auch das Innere der Rohre inspiziert werden, um sicher zu sein, dass sich kein Rost breitmacht. Dann können wir mit der eigentlichen Reinigung beginnen.

Wie im vorhergehenden Kapitel erörtert, gibt es eine unendliche Zahl von Reinigungsmitteln, die unterschiedlich gut und wirkungsvoll sind. Nachdem ich etliche ausprobiert hatte, habe ich endlich eines gefunden, das mich als Entfetter für die Komponenten ebenso zufriedenstellt wie als Reinigungsmittel für den Rahmen. Dabei handelt es sich eigentlich um ein Produkt für Motorräder, eine Art Watte, die mit einer Petroleumlösung getränkt ist, stark entfettend, aber nicht allzu scharf. Es eignet sich auch dafür, Teile zu polieren, nachdem sie entfettet und gereinigt wurden. Außer dass es so praktisch in der Handhabung ist, ist das Mittel unschädlich für den Lack und schont auch die Decals. Es lohnt sich, verschiedene Mittel auszuprobieren, um herauszufinden, welches das geeignetste für Ihre Zwecke ist. Und vergessen Sie nicht, dass die simple Kombination von Wasser

und Neutralseife immer noch ebenso wirksam wie kostengünstig ist. Mit etwas Einsatz und Geduld lassen sich damit erstaunliche Resultate erzielen. Besondere Sorgfalt ist bei jenen Partien angebracht, die mit Decals verziert sind: Manche davon sind sehr empfindlich, und ohne entsprechende Vorsicht sind die Farben schnell verdorben. Auch das Innengewinde des Tretlagergehäuses muss gereinigt werden, eine Stelle, an der sich im Allgemeinen viel Schmutz ablagert. Ebenso sollten wir mit den Fingern in das Sitzrohr fahren und das Innere gründlich reinigen. Wenn notwendig, kann der obere Abschluss des Rohrs auch mit einem feinen Schleifpapier gesäubert werden.

Wenn der Rahmen verchromte Partien hat, die etwas verrostet oder angelaufen sind, behandeln wir sie mit feiner Glaswolle oder einer kleinen Messingbürste, und zwar möglichst, nachdem wir einen Entfetter oder ein Schmiermittel aufgetragen haben, um die Ablagerungen aufzuweichen und zu lösen, so dass

Einige Details desselben Fahrrads vor und nach der Reinigung.

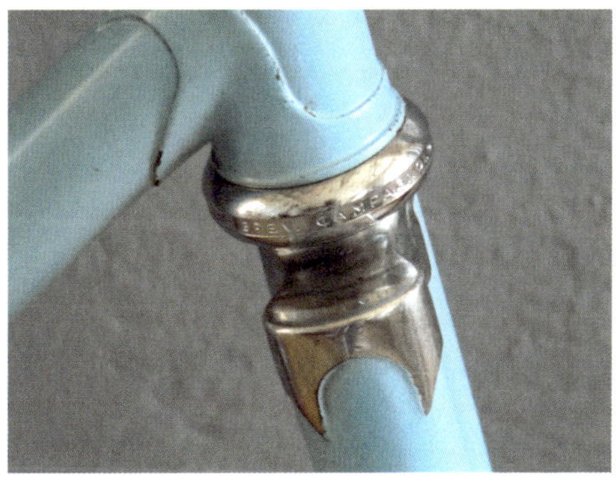

sie sich besser entfernen lassen. Wenn die Verchromungen nicht abgeblättert sind, kann oberflächlicher Rost meist zufriedenstellend entfernt werden.

Nun überprüfen wir den Zustand des Lacks. Wenn es Stellen gibt, an denen er abgegangen ist, müssen diese ausgebessert werden, um Rost zu vermeiden. Zu diesem Zweck ist es sinnvoll, sie vorab mit einem in Öl oder Rostschutzmittel getunkten Pinsel zu behandeln, so dass sich eine Schutzschicht bildet, die als Basis für den nachfolgenden Lack dient. Es ist aber Ansichtssache, ob man es für ästhetisch notwendig hält, den Lack wirklich auszubessern, oder aber diese Zeichen der Zeit sichtbar bleiben dürfen. Bei einer konservativen Restaurierung kann es vorzuziehen sein, die Patina und damit den Rahmen so weit wie möglich im Originalzustand zu erhalten und sich darauf zu beschränken, eine Ausbreitung des Rosts zu verhindern. Gibt es keine besonderen Probleme, so tragen wir mit einem Tuch eine Politur auf, um den Lack wieder erstrahlen zu lassen und der Alterung vorzubeugen, und beenden die Arbeit mit einer Handvoll Autowachs oder einer silikonhaltigen Lackpflege – Mittel, die nicht nur Glanz verleihen, sondern auch Wasser und Schweiß ohne Rückstände abperlen lassen. Auch die verchromten Teile profitieren davon und werden, wenn sie nicht schon abblättern, wieder so glänzend wie einst. Die verbliebenen kleinen Nutzungsspuren und Kratzer dürfen als Teil der Geschichte des Fahrrads aufgefasst werden, wie die Falten im Gesicht eines Menschen, und tragen in meinen Augen zum Vintage-Charme bei.

Schließlich kontrollieren wir zum Abschluss die kleinen Löcher an der Gabel und am Hinterbau, die in der Konstruktionsphase dazu dienen, die beim Schweißen entstehende Wärme abzuführen. Wenn sie von Schmutz verstopft sind, sollten sie gereinigt werden, denn sie dienen immer noch dazu, die Rohre innen zu belüften.

Ein vom italienischen Radprofi Ennio Vannotti in der Saison 1983 genutztes Bianchi Reparto Corsa, heute im Besitz von Wesley Hatakeyama. Nach seiner konservativen Restaurierung soll es im Eroica-Cafè, dem Ex Cantine Ricasoli in Gaiole in Chianti, ausgestellt werden.

MEINE LEIDENSCHAFT FÜR DAS RENNRAD-FAHREN – VOM CHIANTI BIS ZU DEN SCHOTTERPISTEN KALIFORNIENS

Wesley Hatakeyama

—

Passionierter Rennradfahrer und -sammler, seit 2015 Organisator der Eroica California

Meine Leidenschaft für Radrennen reicht zurück bis in die Siebziger, als ich kaum zehn war und noch in Japan lebte. Im Fernsehen verfolgte ich fasziniert Eddy Merckx und Felice Gimondi, die auf dem Höhepunkt ihrer Karriere waren, und ihr Vorbild bewog mich, mich dem örtlichen Nachwuchs-Radsportteam anzuschließen und eine eigene Rennkarriere zu starten. Diese verfolgte ich bis in die Achtziger, als ich mich auf den Berufsweg konzentrieren musste, den ich eingeschlagen hatte: die Zucht von Showpferden. Doch die Liebe zum Fahrrad war nicht vergangen, sie schlief nur. Als ich 2013 beschloss, der Welt der Pferdeshows, in der ich mehr als zwanzig Jahre lang gelebt hatte, den Rücken zu kehren, begann ich ganz selbstverständlich, wieder in die Pedale zu treten.

Von der Eroica hörte ich erstmals Anfang des Jahrtausends, als ich auf der Durchreise in Italien war, doch erst 2014 gelang es mir, zum ersten Mal daran teilzunehmen. Als ich in Gaiole in Chianti ankam, kannte ich praktisch niemanden. Ich hatte beschlossen, ein Rad mit Campagnolo Paris–Roubaix zu fahren, und hatte alle Komponenten aus Kalifornien mitgebracht, in der Gewissheit, auf dem Teilemarkt vor Ort einen passenden Rahmen zu finden. Doch es schien unmöglich, einen Rahmen in meiner Größe aufzutreiben. Als ich ziellos durch das Dorf streifte, landete ich zufällig im Laden von Emanuele Nepi. Ich fragte, wo ich finden könnte, was ich suchte, und Emanuele machte mich mit niemand Geringerem als Luciano Berruti und Paolo Cavazzuti bekannt! Wer die Eroica nur ein wenig kennt, weiß, wer die beiden sind: wahre Ikonen dieser Veranstaltung. Nun, nach einigen Schwierigkeiten wegen des Sprachproblems, konnte ich Paolo Cavazzuti davon überzeugen, mir einen sehr seltenen Rahmen aus seiner persönlichen Sammlung in Modena zu verkaufen! Während des Festes dann hatte ich Gelegenheit, Aki und Emi Hasegawa kennenzulernen, die Organisatoren der Eroica Japan (der ersten und ältesten solchen Veranstaltung außerhalb Italiens), die mich wiederum mit den Gründern der italienischen Eroica bekanntmachten. Das war ein Schlüsselmoment, der Ereignisse in Gang setzte, die schließlich dazu führten, dass Giancarlo Brocci nach Paso Robles reiste – das zweitgrößte Weinbaugebiet im mittleren Kalifornien, eine Art Chianti in Übersee also – und bei einem Streckentest die Langdistanz der geplanten Eroica California unter die Reifen nahm. Wir trafen uns Anfang Dezember 2014; nur drei Monate später, schon Anfang April 2015, fand die erste Eroica California mit 750 Teilnehmern in Paso Robles statt. Der Rest ist, wie man so schön sagt, Geschichte!

Eine weitere meiner Leidenschaften sind alte Autos. Die Erfahrungen, die ich bei Oldtimertreffen in den USA gemacht habe, wo ich oft auch als Preisrichter im Einsatz war, haben mich dazu bewogen, einen Concours d'Élégance auch für historische Rennräder bei den Eroica-Veranstaltungen rund um die Welt anzuregen, der sich an denselben Kriterien orientiert, wie sie bei vergleichbaren Treffen für Autos angelegt werden. Ich denke, auch damit lassen sich die Erhaltung historischer Fahrräder und ein gesunder Markt dafür fördern.

Reinigung und Politur der Komponenten. Die Fahrradkomponenten haben im Laufe der Jahre eine gewaltige Entwicklung erfahren. Heute sind sie überwiegend aus Carbon oder Titan, doch bis in die 1990er Jahre hinein wurden vor allem zwei Materialien für ihre Herstellung verwendet: Eisen bzw. Stahl (insbesondere von 1900 bis gegen Ende der 1950er Jahre) und Aluminium (ab den 1950er Jahren). Wenn wir Komponenten reinigen wollen, sollte uns das bewusst sein, und wir sollten die Unterschiede zwischen diesen beiden Metallen kennen. Außer im Gewicht unterscheiden sie sich am deutlichsten in der Art, wie sie altern. Eisen rostet, Aluminium hingegen oxydiert, ohne zu rosten. Die beiden Materialien müssen also unterschiedlich behandelt werden, je nachdem, ob wir es mit Rost oder Oxydation zu tun haben. Ganz allgemein lässt sich sagen, dass jede Familie von Metallen ihr eigenes Putzmittel benötigt.

Die getränkte Watte, die ich für den Rahmen verwende, eignet sich für die Reinigung, Entfettung und Politur einer Vielzahl von Metallen: Messing, Silber, Kupfer, Zinn, Aluminium, Zink und Nickel. Wie schon gesagt, handelt es sich um ein Produkt, das so praktisch in der Handhabung ist, dass es einfach für jeden Teil des Rads verwendet werden kann: Es reinigt Metalle gründlich und sorgfältig, löst Oxydation, ohne Kratzer zu hinterlassen, hinterlässt keine Ablagerungen in Ecken und Ritzen und dient schließlich noch als Politur und Oxydationsschutz. Es ist also ideal für alle Aluminiumteile des Fahrrads. Im Handel sind verschiedene andere Arten von Entfettern und Spezialmitteln für die Metallpflege erhältlich, ganz abgesehen davon, dass auch die gute alte Methode mit dem dieselgetränkten Pinsel eine immer wirksame (und kostengünstige!) Alternative darstellt, vor allem für stark fettverkrustete Teile wie die Kette. In jedem Fall, ganz unabhängig davon, welches Produkt Sie benutzen, sollten Sie nie vergessen, Schutzhandschuhe zu tragen.

Wenn Teile so verschmutzt sind, dass sie ausgebaut werden müssen, um besser gereinigt werden zu können, zögern Sie nicht, dies zu tun. Gerade

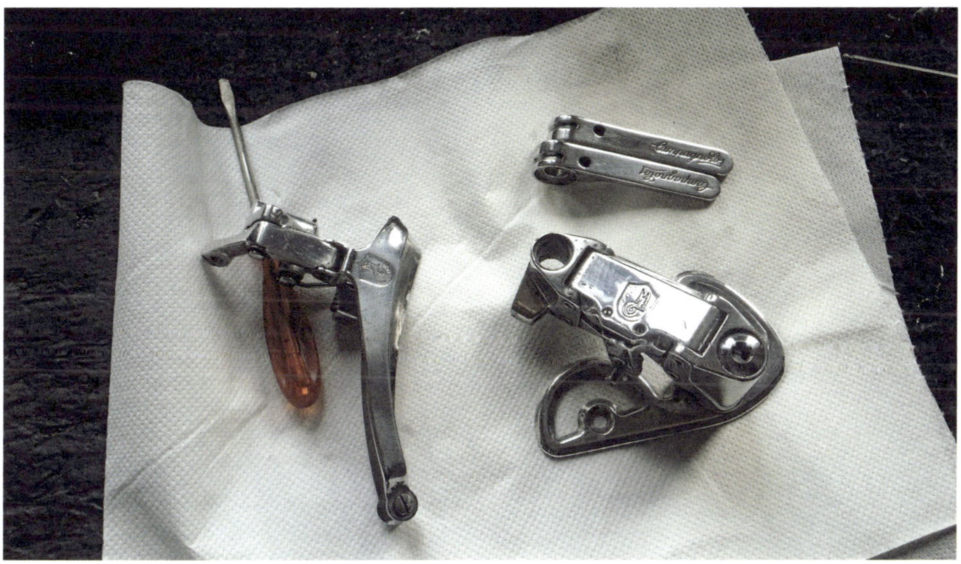

Seiten 109-111: Mit der Metallreinigungswatte behandelte Komponenten – man beachte hier oben und auf Seite 110 jeweils im Vergleich den Zustand der Teile vor und nach der Reinigung.

wenn Sie noch nicht so erfahren sind, sollten Sie in diesem Fall aber daran denken, vorher Fotos zu machen, die später dabei helfen, alles korrekt wieder einzubauen. Für ein ordentliches Ergebnis sollten Sie alle Hilfsmittel nutzen, die Ihnen sinnvoll erscheinen, seien es Bürsten, Schwämme oder Stahlwolle. Wenn Sie einen Kompressor besitzen, denken Sie daran, dass Druckluft nicht nur beim Reinigen, sondern auch beim Trocknen gute Dienste leistet.

Auch wenn ein Teil in unwiederbringlich schlechtem Zustand zu sein scheint, geben Sie nicht gleich auf: Mit einem guten Mittel, etwas Geduld und Einsatz sind wahre Wunder möglich.

Auch trüb gewordene Glaslinsen und Plastikkörper von Lampen und Scheinwerfern können wieder klar werden. Bei Glas reicht ein wenig Alkohol, damit es wie neu aussieht, während Plastik zuerst mit feinem Schmirgelpapier (1000/1500), dann mit Scheibe C und der dazugehörigen Paste des oft erwähnten Polier-Sets behandelt werden sollte.

Anders müssen wir mit Stahlteilen verfahren. Altes Eisen ist normalerweise von Rost befallen, der oberflächlich sein oder aber in die Tiefe gehen kann. Im ersten Fall bilden sich dunkelorange Punkte, die mit Hilfe von ein wenig Diesel und Stahlwolle meist einfach entfernt werden können. Ist der Rost hingegen weit fortgeschritten, nutzen wir den Bohrer mit Schmirgelaufsatz und verschiedene Schwämme sowie Bürsten unterschiedlicher Größe, um auch die versteckteren Stellen zu erreichen. Ich erinnere noch einmal daran, wie wichtig es ist, bei allen Arten von Schleifarbeiten, vor allem wenn man einen Bohrer verwendet, immer Handschuhe, Schutzbrille und Maske zu tragen! Nach dem Abschmirgeln der rostigen Stellen reinigen wir diese mit einem Tuch und tragen Rostschutz auf, um ein Wiederauftreten zu verhindern.

Das bereits auf Seite 68 vorgestellte Polier-Set, das auch hartnäckige Rostprobleme löst und sich leicht im Handel finden lässt. Es besteht aus vier Textilscheiben mit entsprechenden Pasten, die mit der Schleifmaschine oder dem an der Werkbank fixierten Bohrer benutzt werden. Eine nicht ganz einfache Operation, so dass ich allen, die sich zum ersten Mal daran versuchen, empfehle, sich vorher gut einzulesen. Unerlässlich ist auch die Verwendung von Schutzmaske oder -brille und Handschuhen. Die Scheiben und Pasten des Sets werden nacheinander benutzt. Scheibe und Paste A bzw. Z entfernen die Oxydation (Vorpolitur); bei einem normalen Oxydationsgrad reichen Scheibe und Paste A, bei schwereren Fällen wird Z benutzt. Scheibe und Paste B erledigen den zweiten Schritt, die Politur. Für den letzten Schritt (Hochglanz- oder Chrompolitur) werden Scheibe und Paste C verwendet. Da diese Arbeit sehr viel Schmutz macht, ist es sinnvoll, sie in einem eigenen Raum zu erledigen.

Rechte Seite: Drei konkrete Beispiele für die Resultate, die sich mit Hilfe eines Polier-Sets aus mehreren Scheiben und zugehörigen Pasten erzielen lassen. Sowohl der Vorbau und die Sattelstütze aus Aluminium als auch der Scheinwerfer aus Messing konnten mit diesem Mittel von der Oxydation befreit und in den Originalzustand zurückversetzt werden.

Oben: Eine aus Eisen gefertigte Tretkurbel samt Kettenblatt, in die der Rost bereits tief vorgedrungen ist.

Unten: Dieselben Komponenten nach Behandlung mit dem Bohrer und einer Schleifpapierbürste. Der Unterschied zum Ausgangszustand ist mehr als deutlich.

Überprüfung der Komponenten. Nach der Reinigung aller Teile bleibt uns nur noch, deren Funktionstüchtigkeit zu prüfen, um zu entscheiden, ob einige so sehr abgenutzt sind, dass sie ausgetauscht werden müssen. Jedes Teil wird einzeln zuerst auf seine Funktion hin begutachtet, dann hinsichtlich seiner Ästhetik. Das gilt insbesondere für diejenigen Teile, die anfällig für Brüche und Beschädigungen oder einfach Verschleiß sind, wie Zughüllen, Züge, Bremshebelgummis, die Riemen von Hakenpedalen, Lenkerband und Sattel.

In der Regel müssen alle Züge des Fahrrads, die der Bremsen ebenso wie die Schaltzüge, durch neues Material ersetzt werden. Bei allen anderen Teilen hingegen gilt es, von Fall zu Fall abzuwägen. Beginnen wir bei den Zughüllen, deren Bedeutung nicht unterschätzt werden sollte, da sie die reibungslose Funktion der Züge und also der Bremsen und der Schaltung beeinflussen. Also kontrollieren wir den Zustand der Gummiverkleidung: Wenn es Bruchstellen gibt, an denen die darunterliegende Stahlfeder zum Vorschein kommt, müssen die Hüllen ersetzt werden. Bei den Bremshebeln begutachten wir den Zustand der Griffgummis; auch diese müssen ersetzt werden, wenn sie Risse oder Schnitte aufweisen. Vorsicht jedoch: Nicht alle Modelle sind noch im Handel erhältlich. Bei den Bremszangen gilt es, zuallererst den Zustand der Feder festzustellen: Dazu ziehen wir an einer Zange und schauen, ob die Feder Widerstand leistet. Wenn sich die Bremsarme schwer bewegen lassen, schmieren wir das Mittelgelenk an der Befestigungsschraube. Dann prüfen wir den Verschleiß der Bremsschuhe, die, wenn sie in schlechtem Zustand sind, ebenfalls ausgetauscht werden müssen. Vorbau und Lenker werden auf Risse überprüft und darauf, ob der Lenker seine ursprüngliche Form hat. Wenn das Lenkerband nicht mehr in Ordnung oder allzu verschlissen ist, sollte es ersetzt werden. Beim Schaltwerk müssen die beiden Leitröllchen überprüft werden; diese bestanden früher in den meisten Fällen aus Plastik und sind daher oft rissig oder jedenfalls stark abgenutzt. Wenn die Pedale Haken mit Riemchen haben, müssen diese auf ihre Funktionstüchtigkeit überprüft werden. Die Riemen neigten immer dazu, leicht zu reißen, ebenso häufig sind Brüche am Ansatz des Hakens. Ein weiteres stark verschleiß- und

alterungsanfälliges Teil ist der Sattel. Kontrollieren wir also, dass die Sattelschale nicht beschädigt und der Bezug in gutem Zustand ist. Die ästhetische Bewertung eines Sattels ist immer subjektiv. Mich persönlich stören weder Kratzer und leichte Abschürfungen noch die normalen Gebrauchsspuren, die altes Leder üblicherweise aufweist – im Gegenteil, ich finde, das macht den gewissen Vintage-Charme aus.

Wenn einige dieser Teile ausgetauscht werden müssen, sollten wir darauf achten, wirklich passenden Ersatz zu finden – die erste Regel der konservativen Restaurierung. Das gilt auch für oft vernachlässigtes Verbrauchsmaterial wie Zughüllen und Lenkerband. »Fehler« dieser Art finde ich häufig an konservativ restaurierten Rädern. Dabei mögen diese Dinge banal erscheinen, doch am Ende bedeuten sie den Unterschied zwischen einer ordentlichen Restaurierung und einer bloß mittelmäßigen. So ist es zum Beispiel unter ästhetischen Gesichtspunkten eher peinlich, ein Siebziger-Jahre-Rad mit einem Carbon-Sattel oder einem Lenkerband aus Kork auszustatten. Noch dazu, wo Lenkerband, Zughüllen, Züge, Riemen und Haken für kleines Geld zu haben sind.

Nach der Überprüfung dieser Verschleißteile gehen wir zu jenen über, die eine Rolle in der Mechanik spielen, also Kugeln und Kugelringen. Diese finden wir im Steuersatz, im Innenlager, in den Pedalen, in den Naben und im Schraubkranz bzw. Freilauf. Auch diese Teile sollten wir unverzüglich wechseln, wenn sie deutliche Zeichen des Verschleißes aufweisen.

Beim Steuersatz überprüfen wir sowohl die Kugeln als auch die Käfige, die diese an Ort und Stelle halten, um sicher zu sein, dass sie in gutem Zustand und frei von Rost sind. An den Lagerschalen, denen am Rahmen ebenso wie an den ausgebauten, kontrollieren wir die Lauffläche der Kugeln, die weder Unebenheiten noch irgendwelche Spuren oder Riefen aufweisen dürfen. Die Überprüfung des Innenlagers ähnelt der des Steuersatzes: Wir kontrollieren also den Verschleiß am Sitz der Kugelringe in den Lagerschalen, um sicherzugehen, dass die Laufflächen weder Unebenheiten noch tiefere Spuren aufweisen. Dasselbe tun wir auf der Gegenseite, also dem Abschnitt der Welle, in dem die Kugeln rollen. Auch hier dürfen weder Riefen noch irgendwelche Verschleißspuren zu sehen sein. Wenn wir feststellen,

dass die Welle oder die Lagerschalen nicht einwandfrei aussehen, sollten wir sie ersetzen. Den Zustand der Pedale zu prüfen, ist einfach: Es reicht, sie anzustoßen und zu schauen, ob sie sich ohne Widerstand um die Achse drehen. Tun sie das nicht, so muss die Endkappe entfernt und die Schmierung und der Zustand der Kugeln überprüft werden. Auch bei den Naben ist zunächst zu prüfen, ob sie reibungslos laufen, indem wir die Kontermuttern festhalten und das Rad drehen lassen. Wenn sich zeigt, dass dieses nicht frei dreht oder schnell an Geschwindigkeit verliert, müssen wir die Nabe aufschrauben, um ihren Zustand genauer zu begutachten, eine Operation, die wir in Kapitel 6 genauer erörtern werden. Auch die Funktionstüchtigkeit des Schraubkranzes überprüfen wir, indem wir ihn mit den Fingern gegen den Uhrzeigersinn drehen. Wenn er sich nicht reibungslos dreht, muss der Zwischenraum zwischen Grundkörper und Achse geölt werden. Auch darüber sprechen wir noch genauer in Kapitel 6, wenn es um die Laufräder geht.

Erinnern Sie sich, wenn Steuersatz oder Innenlager ersetzt werden müssen, daran, die relevanten Daten jedes einzelnen Teils aufzuschreiben: Beim Steuersatz sind das die Art des Gewindes (französisch, italienisch etc.) und die Gewindelänge; beim Innenlager die Außen- und Innenlänge der Welle und die Art der Lagerschalengewinde. Auch dabei sollten wir, getreu der Grundregel der konservativen Restaurierung, stets darauf achten, die Marke und Modell entsprechenden Ersatzteile zu finden.

Schmieren und Zusammenbauen. Wenn der Rahmen gereinigt und die Komponenten überprüft sind, können wir das Rad endlich wieder zusammenbauen. Das ist natürlich die Phase der Restaurierung, die mir am liebsten ist. Nun beginnt sich das Ergebnis all der Mühen abzuzeichnen; es beginnt die Feinarbeit, mit der jede Komponente an ihren Platz zurückkehrt, präzise wie die Rädchen eines Uhrwerks. Wie bei der Demontage müssen wir auch hier des Öfteren auf Spezialwerkzeug zurückgreifen. Die Reihenfolge der Montage der einzelnen Komponenten bildet exakt die Umkehr des Weges, dem wir bei der Demontage gefolgt sind. In Kapitel 3 haben wir bereits ausführlich über die notwendigen

Werkzeuge und Mittel gesprochen. Ich beschränke mich hier also auf einen knappen Hinweis zu dem Schmiermittel, das Sie für einige Komponenten benötigen: Nehmen Sie ein hochwertiges Produkt mit erstklassigen Eigenschaften. Ich spreche aus Erfahrung. Gute Schmier-, Korrosionsschutz- und Verschleißschutzeigenschaften garantieren die größtmögliche Belastbarkeit bei mechanischer Beanspruchung und sind besonders für die Kugellager und alle beweglichen Teile unabdingbar.

Wenn wir alle Komponenten beisammen haben, vor allem diejenigen, die wir neu besorgen mussten – das ist wesentlich, um die Arbeit nicht mittendrin unterbrechen zu müssen! –, können wir anfangen.

Als Erstes bauen wir den Steuersatz ein und montieren die Gabel am Rahmen. Die Lagerschalen, die am Rahmen verbliebene ebenso wie die ausgebaute, sollten ausgiebig geschmiert werden. Ebenso reichlich schmieren wir die Kugeln oder Kugelringe, die wir in die Lagerschalen zurücklegen. Dann schieben wir die Gabel in den Rahmen und schrauben, nachdem wir das Gewinde gefettet haben, die Konusmutter auf, legen den Spacer ein (wobei wir darauf achten, ihn korrekt in der entsprechenden Lücke im Gewinde des Gabelschafts zu positionieren) und ziehen dann die Sechskant-Kontermutter an. Das rechte Maß beim Verschließen des Steuersatzes finden Sie, indem Sie immer wieder nachprüfen, dass sich alle Teile frei drehen, also weder Widerstand noch allzu viel Spiel spürbar ist. Die Gabel muss sich ohne jedes vertikale Spiel ordentlich drehen lassen.

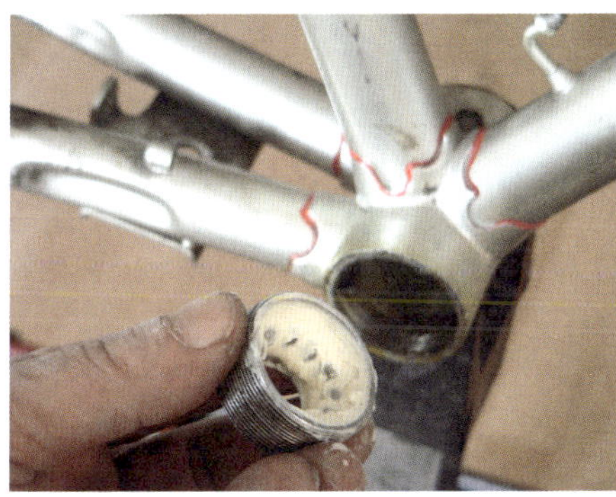

Weiter geht es mit dem Einbau des Innenlagers. Als Erstes nehmen wir einen Pinsel oder den Finger, um das Gewinde des Tretlagergehäuses mit Fett oder Öl zu schmieren. Dann füllen wir die rechte Lagerschale mit Fett, legen die Kugeln ein und bedecken auch diese mit Fett bis an den Rand der Schale. Die Schale wird dann mit den Händen und möglichst großer Sorgfalt in das Gewinde eingeschraubt. Sollte die Schale nicht ganz in das Gehäuse passen, darf keine Gewalt angewandt werden, da diese das Gewinde beschädigen könnte. Besser ist es, die Schale wieder auszuschrauben, nach dem Grund für die Blockade zu suchen und es von Neuem zu versuchen, bis Schale und Gewinde perfekt zusammenpassen. Wenn die Lagerschale ganz hineingeschraubt ist und korrekt im Gehäuse sitzt, können wir sie mit dem passenden Schlüssel fixieren. Nachdem wir die rechte Lagerschale mit dem Schlüssel fest verschlossen haben, gehen wir auf die linke Seite und schieben die Schutzmanschette und die Welle durch die Öffnung der rechten Lagerschale, wobei wir darauf achten, dass die Welle richtigherum sitzt (ihr längerer Teil gehört auf die rechte Seite). Dann wiederholen wir die Schmieraktion mit der linken

Lagerschale, die ebenso per Hand eingesetzt und mit großer Sorgfalt eingeschraubt wird. Die perfekte Einstellung erreichen wir auch hier, indem wir das Spiel der Achse austesten, die sich ohne jede Reibung und ohne wahrnehmbare Toleranzen um 360 Grad drehen lassen muss. Dennoch ist hier ein kleines bisschen Spiel eher hinnehmbar als eine zu enge Klemmung. Beendet wird die Einstellung, indem wir den Konterring auf das Tretlagergehäuse schrauben und mit den passenden Schlüsseln alles bis zum rechten Maß anziehen.

Wenn das Innenlager eingestellt und gut verschlossen ist, können wir die Tretkurbeln montieren. Wir stecken erst die rechte, dann die linke Kurbel auf die Vierkantaufnahme der Lagerwelle und befestigen die Kurbelschrauben, dann die Abdeckkappen.

Sind die Kurbeln montiert, kommen die Pedale dran. Sollten sie sich nicht einwandfrei drehen, überprüfen wir den Zustand der Kugellager, indem wir sie mit dem passenden Schlüssel öffnen. Ist die Staubkappe entfernt, kontrollieren wir den Schmiergrad: Es ist immer ratsam, alle Kugeln zu reinigen und neu zu fetten – bevor wir das Lager wieder zuschrauben, sollten sie optimal und reibungsfrei rollen. Der Bequemlichkeit halber empfiehlt es sich, eventuell vorhandene Pedalhaken und Riemen an den Pedalen anzubringen, bevor diese an die Kurbel geschraubt werden.

Nun montieren wir die vorderen und hinteren Bremszangen und schmieren dabei auch das Gelenk. Wenn das Fahrrad Schutzbleche hat, denken Sie daran, dass diese zusammen mit den Bremsen montiert werden.

Nach den Bremsen wird die Schaltung montiert, wenn das Rad eine solche hat. Wir befestigen die Schalthebel am Rahmen, dann den Umwerfer und das Schaltwerk und ölen schließlich noch die Gelenke des Umwerfers und die Leitröllchen des Schaltwerks. Eine Anmerkung noch zum Umwerfer und zu den Schalthebeln: Wenn diese mit Schellen zu befestigen sind, sollten wir versuchen, sie exakt dort wieder anzubringen, wo sie zuvor saßen.

Wir kommen nun zum Lenker mit Vorbau und Bremshebeln. Aus Gewohnheit und auch Bequemlichkeit baue ich diese drei Komponenten auf der

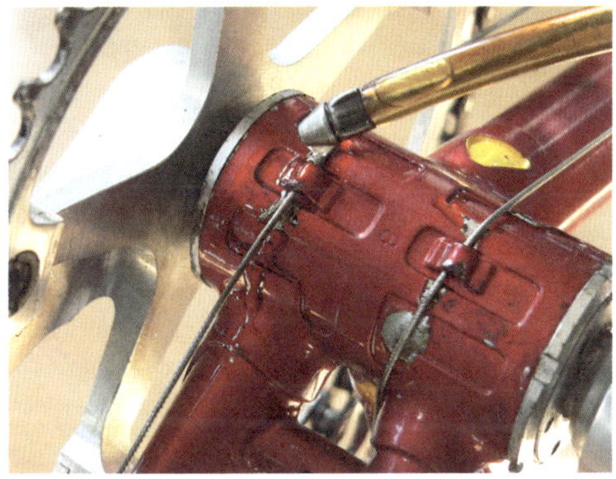

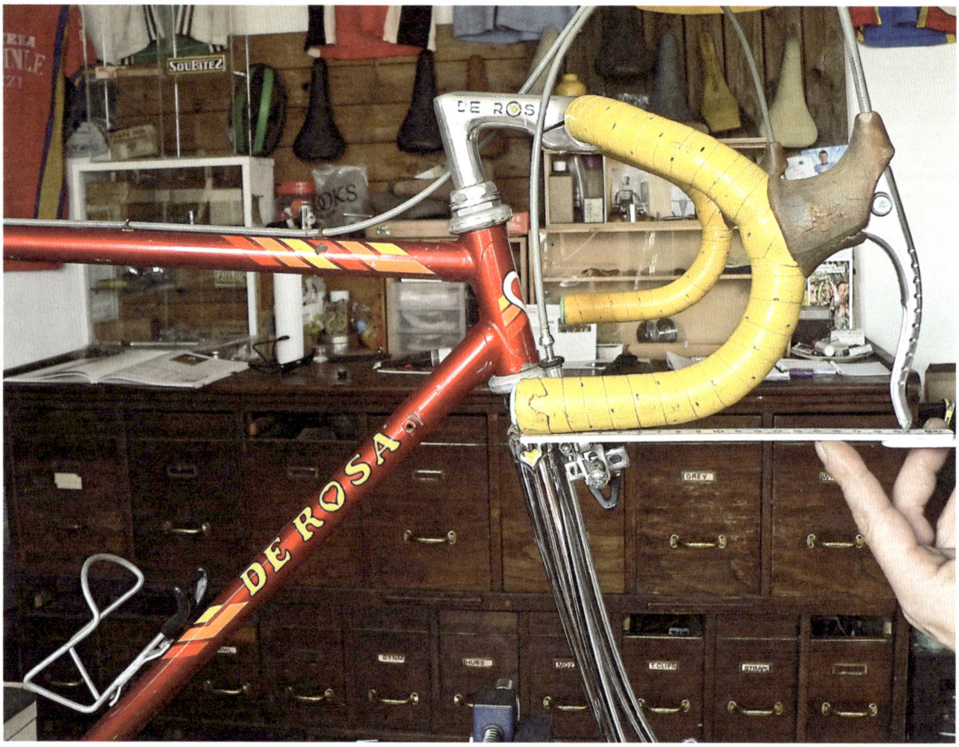
DE ROSA
GREY
T.CLIPS

Werkbank zusammen, bevor ich sie an den Rahmen montiere. Denken Sie daran, den Vorbau gründlich zu reinigen und den Klemm- bzw. Spreizkeil zu fetten. Dann stecken wir den Vorbau samt Lenker und Bremshebel ins Steuerrohr und schließen die Kontermutter. Mit Hilfe eines Zollstocks überprüfen wir die korrekte Position der Bremshebel.

Bleiben noch die Sattelstütze und der Sattel. Die Sattelstütze fetten wir mit einer schönen Schicht Schmierfett, von dem wir auch ein wenig in der Sattelklemme am oberen Ende des Sitzrohrs verteilen. Dann stecken wir die Sattelstütze hinein, zentrieren den Sattel, indem wir ihn auf eine Linie mit dem Lenkervorbau bringen, stellen mit Hilfe einer Wasserwaage die Neigung ein und fixieren die Sattelstütze in der gewünschten Höhe. Zum Schluss ziehen wir die Klemmschraube an und entfernen überschüssiges Schmierfett an der Klemme mit ein wenig Papier.

Nun ist der Moment gekommen, alle Brems- und Schaltzüge mit ihren Hüllen neu zu verlegen. Wir beginnen mit den Zughüllen; wenn sie gewechselt werden sollen, messen wir die alten ab, um die neuen in der richtigen Länge zuzuschneiden, dann fixieren wir diese mit Zuganschlägen und Kabelschellen am Rahmen. Dasselbe machen wir mit den Schaltzügen, wobei wir diesmal nicht vergessen, die am Rahmen oder unter dem Tretlagergehäuse angeschweißten Zugführungen mit ein wenig Kriechöl zu versehen, um die Beweglichkeit der Züge zu verbessern und Verschleiß vorzubeugen.

Wir nähern uns dem Ende der Arbeit, indem wir zunächst die Kette montieren, dann die Laufräder und sowohl die Bremsschuhe als auch den Umwerfer und das Schaltwerk richtig einstellen. Wenn wir beschlossen haben, das Lenkerband zu wechseln, beenden wir unsere Arbeit damit, dieses anzubringen. Dazu sollten wir weiße Handschuhe überziehen, um es nicht mit schmutzigen Fingerabdrücken zu verunzieren. Lenker, Sattel und Laufräder werden wir in Kapitel 6 noch eingehender betrachten.

Nun endlich können wir ein paar Meter zurücktreten und zufrieden die fertige Arbeit betrachten. Beurteilen wir in Ruhe jedes einzelne Teil und das Fahrrad in seiner Gesamtheit. Wenn es ästhetische Entscheidungen gibt, mit denen wir nicht glücklich sind, sollten wir sie selbstkritisch überprüfen. Es kommt vor, dass man erst bei Betrachtung des fertigen Rads seine Meinung über den passenden Sattel oder das Lenkerband ändert. Dann sollte man nicht zögern, Dinge, die einen nicht ganz zufriedenstellen, zu ersetzen oder zu verbessern. Haben Sie es nicht zu eilig, die Arbeit abzuschließen, wenn irgendetwas Sie nicht überzeugt. Manchmal ist es sinnvoll, uns genau in diesem Moment die Zeit zu nehmen, unser Werk zu beurteilen und Korrekturen vorzunehmen, wo sie uns notwendig erscheinen.

Feinarbeit, Abschlussbilder, Testfahrt. Das wieder zusammengebaute Rad ist nun bereit für die letzte Feinarbeit, die Dokumentationsfotos und eine Proberunde. Sobald alles montiert ist, wischen wir den Rahmen mit Papier ab, um eventuelle Schmutzfingerspuren zu entfernen, und gehen noch einmal mit ein wenig Politur drüber, die den Lack schützt und schön zur Geltung bringt. Ist der Sattel aus Leder, bekommt auch er noch einmal extra Lederfett, um seine Patina erstrahlen zu lassen. Auch die Komponenten blitzen wie Juwelen, wenn man noch einmal mit einem Baumwolltuch darüberpoliert. Wenn die Schlauchreifen oder Mäntel nicht ersetzt wurden, sondern original sind, profitieren sie von einer Gummipolitur. Dasselbe Produkt sollten wir dann auf alle Gummiteile wie Bremshebelgummis und Bremsklötze auftragen.

Nach diesen letzten Handgriffen platzieren wir das Rad im Ständer vor einem neutralen Hintergrund und machen die abschließenden Fotos. Diese Aufnahmen sind aus verschiedenen Gründen wichtig: Sie dokumentieren unsere Arbeit und sie dienen uns als Gedankenstütze bei späteren Restaurierungen. Von ihnen lernen wir selbst, und wenn wir sie öffentlich teilen, können sich auch andere Rad- und Restaurierungsliebhaber darauf beziehen.

Nun können wir die neuen Fotos auch endlich den Bildern gegenüberstellen, die wir vor der Restau-

DE ROSA

DE ROSA

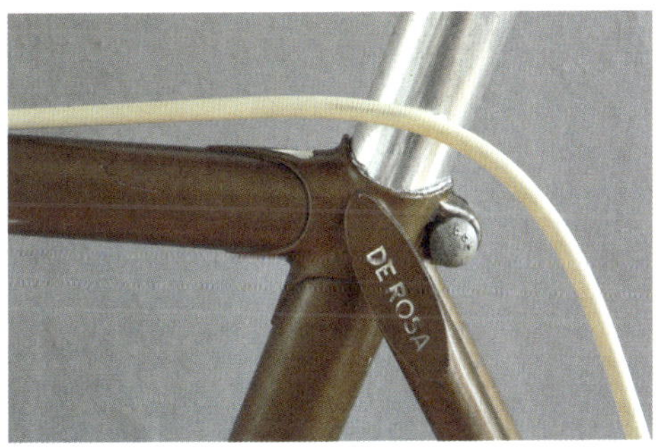
DE ROSA

DE ROSA

Seiten 126-129: Ein französisches Aviac aus den 1940er Jahren. Die abschließenden Fotos eignen sich besonders, um schöne Details hervorzuheben und ins rechte Licht zu rücken.

rierung gemacht haben, und den Unterschied zwischen Vorher und Nachher bewundern. Mehr noch, ich rate dazu, sich schon vor dem Fotografieren noch einmal die Vorher-Bilder anzusehen, um ähnliche Bildausschnitte zu wählen. Wie zu Beginn sollten wir auch jetzt Bilder aller Details und des Fahrrads als Ganzem anfertigen, um die Restaurierungsarbeit umfassend zu dokumentieren.

Und dann ist endlich der Moment gekommen, das Ergebnis unserer Mühen auf der Straße zu testen: Eine schöne Runde mit dem fertiggestellten Rad, um sicherzustellen, dass alles in Ordnung ist, gehört unbedingt dazu. Dabei achten wir insbesondere auf das Bremsverhalten, das möglichst geringe Spiel von Innenlager und Steuersatz und eine gut eingestellte Schaltung.

Hier und auf der nächsten Seite: Abschließende Aufnahmen von der konservativen Restaurierung eines französischen Rochet aus den 1950er Jahren, die dessen elegante Linien und Details betonen.

COLNAGO
COLNAGO
COLNAGO

master
COLNAGO

Hier und auf der vorhergehenden Seite: Zwei Beispiele für Abschlussbilder, die es einem ermöglichen, die Ergebnisse der Arbeit mit Zufriedenheit zu bewundern – zum einen ein Zeitfahrrad von Colnago, das Master Equilatero, zum anderen ein CBT Italia aus den 1970er Jahren.

KOMPLETTE UND KREATIVE RESTAURIERUNG

5

OLYMPIA

Beispiel einer Komplettrestaurierung eines Gloria La Garibaldina, bei dem ein ästhetisch akzeptabler Kompromiss erreicht wurde, indem das Rad so weit wie möglich dem Original entsprechend neu lackiert wurde. Zwar sah Gloria grundsätzlich eine Vernickelung des Rahmens vor, worauf jedoch in diesem Fall bei der Restaurierung verzichtet wurde. Durch einfaches Auftragen eines Klarlacks konnte ein Effekt erzielt werden, der dem Original nahekommt.

Auch wenn ich generell die konservative Restaurierung vorziehe, kommt es manchmal vor, dass eine Komplettrestaurierung unvermeidbar ist. So kann es passieren, dass der Rahmen bereits einmal schlecht nachlackiert wurde oder aber in so schlechtem Zustand ist, dass eine konservative Restaurierung nicht ausreichen würde, um ihm wieder ein ästhetisch ansprechendes Aussehen zu verleihen. In diesen Fällen führen wir eine Komplettrestaurierung durch, die auch die Neulackierung des Rahmens umfasst.

Bevor wir beginnen, müssen wir die Frage der Decals abklären. Denn bei einer Komplettrestaurierung muss vorab gesichert sein, dass tatsächlich dem Modell und der Art des Rads entsprechende Decals erhältlich sind. Einen Rahmen neu zu lackieren, um ihn dann »nackt« zu lassen, also ohne Decals, ist keine ästhetisch vertretbare Lösung, weil das Rad dadurch absolut anonym wirken würde.

Bei einer kreativen Restaurierung ist das kein Problem, da wir hier alle Freiheiten haben und das Ziel nicht darin besteht, das Fahrrad in seinen Originalzustand zurückzuversetzen, sondern darin, ihm ein ganz neues Aussehen zu geben. Bei den meisten kreativen Restaurierungen sind keine Original-Decals erforderlich, im Gegenteil, das Ergebnis ist wesentlich überzeugender, wenn es allein unsere persönlichen Wünsche abbildet, so dass Decals, wenn denn solche angebracht werden, im Allgemeinen freie Entwürfe sind. Davon gibt es mittlerweile sehr viele zu sehen, vor allem in der urbanen Szene der Fixies, wo die Personalisierung der Räder mit individuellen Designs die Norm ist.

Entfernung des Lacks vom Rahmen. Alles, was im Kapitel über die konservative Restaurierung über die Demontage und Reinigung gesagt wurde, gilt auch für die Komplettrestaurierung. Hinzu kommt nun die Lackierung des Rahmens und, wo wir es für notwendig halten, die Verchromung von Rahmenteilen oder Komponenten. Auch bei der kreativen Restaurierung ist die Neulackierung oder jedenfalls Behandlung des Rahmens fast die Regel. Zudem haben wir dort die Freiheit, alle Komponenten neu zu wählen und auszutauschen – ganz wie es uns beliebt, um unser Traumrad zu erschaffen.

Zunächst jedoch machen wir einen Schritt zurück zur Demontage, und zwar zum Ausbau des Steuersatzes. Bei der konservativen Restaurierung haben wir nur einen Teil des Steuersatzes ausgebaut und die ins Steuerrohr und in die Gabel eingepressten Lagerschalen nicht entfernt. Während wir diese bei der konservativen Restaurierung an Ort und Stelle belassen können, sind wir bei einer Komplettrestaurierung gezwungen, diese drei Teile ebenfalls auszubauen.

Sobald alle Teile des Steuersatzes vom Rahmen und der Gabel entfernt sind, können wir zur Entfernung des alten Lacks und zur Vorbereitung des Rahmens auf die Neulackierung übergehen. Es gibt verschiedene Methoden der Lackentfernung; die verbreitetsten sind das Entlacken und das Sandstrahlen. Wenn unser Budget begrenzt ist, empfiehlt sich das Entlacken, da wir es selbst erledigen können. Andernfalls geben wir den Rahmen zum Sandstrahlen, das wir von einer Fachkraft erledigen lassen sollten, die wir zuvor um einen Kostenvoranschlag gebeten haben. Normalerweise fallen für das Sandstrahlen eines Rahmens und einer Gabel keine exorbitanten Kosten an, weil es für Fachleute wenige Minuten Arbeit bedeutet, während das Entlacken, wenn wir es selbst erledigen, weitaus mehr Zeit und Mühe kostet. Sagen wir es so, einige Arbeitsschritte der Restaurierung sollten unbedingt von Fachleuten erledigt werden, um wirklich gute Ergebnisse zu erzielen; vom Selbermachen abraten würde ich insbesondere beim Sandstrahlen und Lackieren.

Wenn wir uns dazu entscheiden, den alten Lack selbst zu entfernen, können wir das auf zwei Arten tun: mechanisch oder chemisch. In jedem Fall müssen wir uns dabei sorgfältig schützen: Gummihandschuhe, Schutzmaske, Brille und geeignete Kleidung sind Pflicht. Beim mechanischen Abschleifen ist es zunächst wichtig, den Rahmen sorgfältig zu fixieren; dann benötigen wir eine Bohrmaschine und eine Reihe verschiedenartiger und verschieden großer Bürsten, Schleifscheiben und Schleifstifte, um alle Rillen und Ecken zu erreichen.

Für die chemische Lackentfernung brauchen wir zunächst ein gutes Abbeizmittel, das sich leicht im Handel finden lässt. Bis 2011 enthielten diese

1

2

3

4

AUSBAU DER STEUERSATZ-LAGERSCHALEN AUS RAHMEN UND GABEL

Diese Bildserie zeigt das Werkzeug, das benötigt wird, um die auf Gabel und Rahmen verbliebenen Lagerschalen des Steuersatzes zu entfernen. Das passende Spezialwerkzeug für die Entfernung des Gabelkonus ist das U-förmige Objekt, das in Bild 1 zu sehen ist. Wenn wir es so in die Gabel stecken, dass seine beiden Enden am Rand der Lagerschale aufsitzen, und mit dem Hammer daraufschlagen, sollte sich die Lagerschale vom Rohr lösen (Bild 2). Das geeignete Werkzeug, um die beiden im oberen und unteren Ende des Steuerrohrs festsitzenden Lagerschalen zu entfernen, ist hingegen das aufgespreizte Rohr in Bild 3. Es wird in das Steuerrohr eingeführt, bis das breite Ende an den inneren Rand der Lagerschale stößt; auch hier reicht ein Schlag mit Hammer, um diese auszutreiben (Bild 4). Dasselbe wird mit der anderen Lagerschale wiederholt.

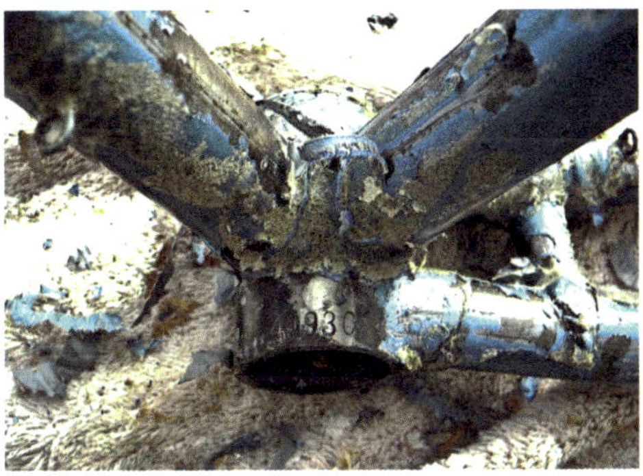

Produkte Dichlormethan, das dann wegen seiner Giftigkeit verboten wurde. Die heute erhältlichen Abbeizmittel sind »DMC-frei« und generell aromatisierte und biologisch abbaubare Gels; dennoch ist es ratsam, sie im Freien zu benutzen. Das Gel wird mit Hilfe eines Pinsels auf die gesamte Oberfläche des Rahmens und der Gabel aufgetragen (vorne und hinten, oben und unten). Nach der Einwirkzeit des Produkts gehen wir daran, den abblätternden Lack mit Spachteln und Drahtbürsten abzuschaben. Um die letzten Reste aus schlecht zugänglichen Stellen zu entfernen, ist es sinnvoll, weitere kleinere Spachtel und Bürstchen bereitzuhalten. Zuletzt wischen wir mit einem in Alkohol oder Lösungsmittel getauchten Lappen darüber.

Nun werden all jene Konstruktionsdetails auf dem Rahmen sichtbar – Seriennummer, Maße, Marke des Rahmenbauers, Schweißnähte, Feilarbeit etc. –, die zuvor versteckt waren. Wenn wir diese Arbeit an mehreren Rahmen zugleich ausführen, könnte es interessant sein, diese Details vor der Neulackierung einmal gegenüberzustellen, sie zu fotografieren und die Bilder zur Dokumentation und als Referenz aufzubewahren. Zum Beispiel deshalb, weil sich die Seriennummer des Rahmens oft auch auf der Gabel wiederfindet – ein Beleg dafür, dass beide Teile original sind.

Bei Aluminiumrahmen können dieselben Methoden der Lackentfernung angewandt werden wie bei Stahlrahmen, doch aus Erfahrung empfehle ich bei Aluminium stets das Abschleifen mit Bürsten und Schleifscheiben auf der Bohrmaschine. Aluminium ist weicher und empfindlicher als Stahl, so dass chemische Abbeizmittel gar nicht erforderlich sind. Mit guten Schleifbürsten lässt sich hier ein mehr als zufriedenstellendes Ergebnis erzielen, auch an weniger zugänglichen Stellen.

Die andere Methode, die uns zur Lackentfernung zur Verfügung steht, ist das Sandstrahlen, ein mechanisches Verfahren, bei dem die Oberfläche eines Materials mit einem Strahl von Druckluft und Sand behandelt wird. Es gibt verschiedene Strahlverfahren; das gängigste für die Metallbearbeitung ist die metallisch blanke Entrostung durch Trockensandstrahlen. Am Ende des Vorgangs weist der Rahmen eine gleichmäßig blassgraue, blanke Metalloberfläche auf, deren Rauheit von der verwendeten Korngröße abhängt.

cinelli

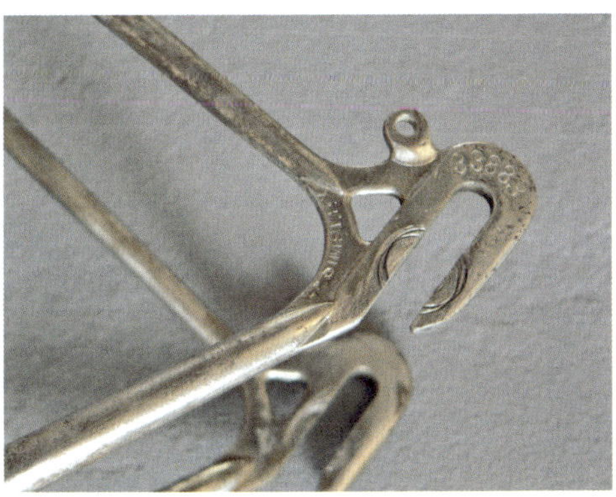

Seiten 142-145: Ein komplett restauriertes Bianchi aus den 1950er Jahren. Hier das ganze Rad vor und nach der Restaurierung, auf den folgenden Seiten ein paar Details, ebenfalls davor und danach. Auch die Trinkflaschen wurden im selben Farbton wie der Rahmen lackiert.

nchi

Rechts: Chicco, mein Sandstrahler des Vertrauens, bei der Arbeit.

Linke Seite: Zwei Rahmendetails vor und nach dem Sandstrahlen.

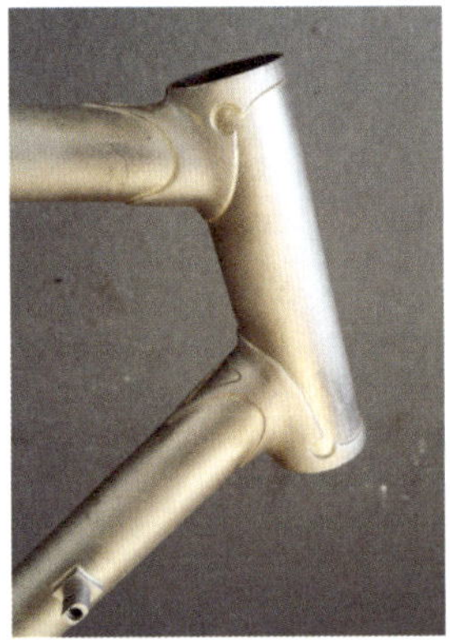

Nach dem Sandstrahlen oder Entlacken werden auf dem Rahmen Details sichtbar, die zuvor unter dem Lack versteckt waren. Das ist auch der rechte Moment für Ausbesserungsarbeiten (Foto unten links).

Ich persönlich mache es meist so, dass ich einzelne Rahmen, an denen ich gerade arbeite, selbst entlacke. Habe ich hingegen beschlossen, mich an einen Fachmann zu wenden, so warte ich ab, bis mehrere Rahmen zusammenkommen, um Zeit und Kosten zu sparen.

Bei der kreativen Restaurierung ist das Entlacken oder Sandstrahlen manchmal auch gar nicht notwendig, je nachdem, welches Ergebnis wir erzielen wollen. Oft habe ich, vor allem bei Fixies, Do-it-yourself-Lackierungen per Spray-

dose gesehen, die im Gesamtergebnis akzeptabel aussahen. Beim Versuch, ein Rad ganz nach unseren persönlichen Vorstellungen umzugestalten, stehen auch Alternativen zur klassischen einheitlichen Lackierung zur Wahl, zum Beispiel grobe Effekte wie »Rost« oder »Asphalt« oder sogar Trompe-l'Oeils wie eine Holzmaserung.

Das Sandstrahlen ist auch dann sinnvoll, wenn wir gezwungen sind, Komponenten oder Teile des Rahmens neu verchromen zu lassen. Auch diese Arbeit muss einem professionellen Galvanisierbetrieb überlassen werden, wobei zu verchromende Komponenten oder Rahmen zuerst unbedingt fachmännisch gesandstrahlt oder entlackt werden müssen. Ich möchte auch daran erinnern, dass die Galvanisierung kein billiges Vergnügen ist, und empfehle daher, sich vor Auftragsvergabe gründlich zu informieren.

Wenn der Rahmen ganz entlackt oder gesandstrahlt ist, können wir nicht nur kleinste Details bewundern, sondern auch überprüfen, ob die Rohre Schrammen oder andere Fehler aufweisen.

Sollten wir fündig werden, so ist dies die Gelegenheit, solche Schönheitsfehler auszubessern, bevor der Rahmen lackiert wird. Dafür sind im Handel spezielle Spachtelmassen für Metall erhältlich, die vor allem für Motorräder oder Musikinstrumente verwendet werden. Die Füllmasse sieht aus wie eine Zahnpasta, der noch eine winzige Menge Härter hinzugefügt werden muss. Dieses Gemisch wird dann mit einem Spachtel aus Metall oder Plastik auf die beschädigte Stelle gestrichen und, sobald es ausgehärtet ist, mit normalem Schleifpapier zurechtgeschliffen und geglättet.

Wahl der Lackfarbe und der Decals. Bevor wir zur Lackierung übergehen können, müssen wir nun entscheiden, welche Farbe das Rad haben soll und welche Decals dazu passen. Bei der kreativen Restaurierung ist das eine rein persönliche Entscheidung, die keiner anderen Regel folgen muss als dem eigenen Geschmack, und diese Freiheit macht einen großen Teil des Vergnügens aus, ein Fahrrad ganz nach Lust und Laune zu gestalten. Bei einer Kom-

plettrestaurierung hingegen sind wir gezwungen, soweit möglich aus der Palette der Originalfarben auszuwählen und auch die Decals dem Modell und der Art des Rads anzupassen. Diese stellen ein nicht zu unterschätzendes Detail dar: Nicht selten sehe ich komplett restaurierte Räder mit unpassenden Decals. Wenn uns der Rahmen vor der Lackentfernung keine Anhaltspunkte liefern kann, können wir uns im Internet oder in alten Katalogen über die korrekten Decals des Rads informieren. Räder ein und derselben Marke können je nach Produktionsjahr verschiedenartige Decals aufweisen, und es ist wichtig, diese Unterschiede zu kennen. Im Handel finden sich passende Decals für enorm viele Modelle, doch Vorsicht: Nicht alle, die sich als Fachhändler ausgeben, liefern wirklich erstklassige Qualität und eine große Markenauswahl. Einer der bekanntesten, seriösesten und bestsortierten Profis auf diesem Gebiet ist Greg Softley, der unter *cyclomondo.net* einen viel besuchten Webshop führt. Eine weitere Bezugsquelle sind Tauschmärkte und Zweiradmessen, wo man mit ein bisschen Glück zuweilen auch originale Decals oder Reproduktionen finden kann. Wichtig zu wissen ist auch, dass gute Grafiker, wenn man Fotos vorlegen kann, jedes Decal reproduzieren können, auch wenn diese Arbeit natürlich Geld kostet, das nicht jedes Rad wert ist. Wenn wir das Glück haben, originale Decals für das Rad zu finden, das wir gerade restaurieren, sollten wir erst prüfen, in welchem Zustand sie sich befinden. Über die Jahre können Papier und Kleber Feuchtigkeit abbekommen haben, oder die Sonne hat die Farben ausgeblichen.

Bei den großen und berühmten Marken gibt es auch zahlreiche verschiedene Farbkombinationen für ein und dasselbe Set von Decals; das sollte man bedenken, weil es die Wahl der Lackfarbe beeinflusst. Wenn nämlich die Farbe des Lacks einen hellen Ton hat, sollten die Decals in einer dunklen Farbe gewählt werden, und umgekehrt. Zudem bedeutet die Existenz einer großen Farbpalette bei den Decals, dass wir mehr Kombinationsmöglichkeiten mit der Lackfarbe und der Farbe von Details wie Zughüllen oder Lenkerband haben. Die Farbe

des Lacks wird bei Komplettrestaurierungen generell aus der Farbpalette gewählt, die der Katalog der Marke aufführte, und dieselbe Referenz gilt auch bei der Auswahl der Decals. Wenn der Rahmen, den wir entlackt haben, noch seine Originalfarbe hatte, können wir diese als Anhaltspunkt nehmen, wir sind aber nicht dazu verpflichtet. Auch bei einer Komplettrestaurierung haben wir die Freiheit, die Farbe zu ändern, solange sie zu jenen gehört, die zur Herstellungszeit angeboten wurden.

Farbreferenzen für weniger bekannte oder ältere Räder zu finden, ist oft schwierig. In diesem Fall können wir uns mit den Farbpaletten für Autolacke behelfen. Wenn wir das Produktionsjahr des Rads kennen, können wir die Farben jener Zeit recherchieren. In den 1940er und 1950er Jahren gab es eine minimale Farbauswahl, im Gegensatz dazu war die Zahl der Farbtöne in den Achtzigern fast unbegrenzt. Für die wichtigsten Marken, Bianchi zum Beispiel, kann man exakte Farbcodes für die einzelnen Produktionsjahre finden. Wenn wir einen Rahmen in einem speziellen Verfahren lackieren wollen, etwa Cromovelato oder mit Zwei-Komponenten-Lack, sollten wir vorher direkt beim Lackierer Erkundigungen über das zu erwartende Ergebnis und über die Kosten einziehen.

Schließlich möchte ich noch an zwei Dinge erinnern. Erstens, dass ein Rahmen nicht nur mit Decals, sondern auch mit metallenen Steuerkopfschildern geschmückt sein kann, vor allem wenn das Rad vor den 1960er Jahren gebaut wurde. Viele solche Embleme sind noch auf den üblichen Märkten erhältlich, und die der großen Marken werden zum Glück immer noch produziert. Zweitens sollten wir daran denken, dass, wenn Partien des Rahmens verchromt werden sollen, dies vor der Lackierung passieren muss.

Die letzte Arbeitsphase. Wenn Rahmen und Gabel gesandstrahlt sind, die Decals gekauft und die Lackfarbe ausgewählt, sind wir bereit für die letzte Phase der Restaurierung.

Wie bereits angesprochen, ist es vorzuziehen, die Lackierarbeit einem Profi zu überlassen, und

DAS GROSSE REVIVAL DER FAHRRADRESTAURIERUNG

Greg Softley

—

Seit mehr als zwanzig Jahren Sammler und Restaurator, zudem Geschäftsführer von Cyclomondo, einem Onlinehandel für Decals und Komponenten historischer Fahrräder

Wie kann man einen Menschen, der dieser Faszination noch nicht erlegen ist, von der Schönheit, der Kunst, der Meisterschaft und der mechanischen Genialität überzeugen, die in einem handwerklich gefertigten Fahrrad stecken? Ich denke, das gelingt den wunderbaren Fotos auf diesen Seiten besser als tausend Worten. Hochwertige historische Stahlräder sind rar und sehr gesucht von Sammlern und Restauratoren, die ihrerseits immer zahlreicher werden. Die alten Fahrradwerkstätten kehren ins Straßenbild zurück und überall wimmelt es von Radsportveranstaltungen nach klassischem Vorbild. Die Freude und der Genuss, sich an eine Restaurierung zu wagen, egal ob historisch korrekt oder komplett und kreativ, hat etwas Allumfassendes. Man beginnt mit einfachen Aufgaben, um sich dann immer größeren und komplexeren Herausforderungen zu stellen, mit manchmal jahrelanger Recherche, um ein einzelnes, nahezu unauffindbares Teil zu beschaffen. Oft gerät die Jagd nach dem einzig korrekten Teil zu einem Abenteuer für sich… Ist die Restaurierung dann beendet, ist es ein Triumph. Ein Kunstwerk. Wir stehen vor einem Stück Radsportgeschichte, einer Hommage an das Hightech vergangener Zeiten, einem Beispiel reiner Form und Funktion. Ein restauriertes Fahrrad ist auch Zeugnis der heroischen Leistungen der Radprofis früherer Zeiten. Restauratoren kennen keine geografischen Grenzen, sie leben auf allen Kontinenten und in allen Ländern der Erde. Das Internet bietet ihnen eine Plattform, wo sie Ideen und Ratschläge teilen können, fehlende Teile finden und Hinweise auf alte Konstruktionsdetails und technische Verfahren ausgraben. Im Netz können Fahrradfreaks Ansichten und Meinungen mit Gleichgesinnten aus aller Welt austauschen, wie es niemals zuvor möglich war. Angesichts der mechanischen und ingenieurstechnischen Meisterwerke auf diesen Seiten wird der Wunsch unwiderstehlich, die eigene Kreativität auszuleben, ein altes Schmuckstück instand zu setzen, in den Sattel zu steigen und loszutreten!

zwar möglichst einem, der Erfahrung mit Fahrradrahmen hat. Ein normaler Autolackierer ist daran gewöhnt, gerade Oberflächen zu lackieren, ein Fahrradrahmen hingegen erfordert viel Sorgfalt für die Details und eine geübte Hand. Außerdem ist es sehr oft so, dass ein Fahrradlackierer kraft seiner Erfahrung wertvolle Tipps zu Farben oder auch Lösungen für andere Probleme beisteuern kann. In einigen seltenen Fällen hatte ich sogar das Glück, auf dieselben Handwerker zu stoßen, die bereits früher für berühmte Marken lackierten. Generell entpuppten sich diese als wertvolle Ratgeber bei der Wahl der Lackfarbe und der Decals und sie verfügen oft nicht nur über die originalen Farbcodes, sondern können einem auch Muster der verschiedenen Kombinationen von Lackfarbe und Decal direkt auf den Rohren zeigen.

Hingegen müssen wir die Lackierarbeit nicht unbedingt auslagern, wenn es sich um eine kreative Restaurierung handelt. Das Schöne an dieser Art der Restaurierung ist ja gerade, dass wir alles mit eigenen Händen machen, unserer Fantasie freien Lauf lassen können und der Rahmen nur die Grundlage dafür ist. Das Ziel einer kreativen Restaurierung ist es nicht, den Originalzustand eines Rads wiederherzustellen, sondern diesen zu verändern, um etwas Neues, Einzigartiges zu erschaffen. Die einzige Vorsichtsmaßnahme, die wir nicht vergessen sollten, besteht darin, experimentelle Oberflächenbehandlungen wie Craquelé, den Rost-Look oder andere chemische Verfahren nicht direkt auf dem Rahmen, sondern zuerst auf einem Stück Eisen auszuprobieren.

Eine professionelle Lackierung umfasst alle Arbeitsschritte, von der Grundierung bis zum abschließenden Klarlack, und ist zweifellos jener Teil der Restaurierung, der am meisten ins Geld geht. Ich rate dazu, einen Kostenvoranschlag einzuho-

len, um keine unangenehmen Überraschungen zu erleben, vor allem wenn neben den üblichen Arbeitsschritten Details wie Verchromungen, Schablonierungen, Zierstreifen, Farbverläufe und anderes anfallen. Alle Wünsche außerhalb der Norm blasen die Kosten auf.

Schließlich kommt der große Moment der Decals. Früher wurden sie auf der letzten Lackschicht angebracht, doch das machte sie schutzlos und empfindlich. Daher zieht man es heute vor, sie vor den zwei Klarlackschichten aufzukleben, damit sie sich nicht ablösen oder ausbleichen können. Das gilt auch für die kreative Restaurierung, bei der man oft auf witzige, etwas schräge Aufkleber und Decals zurückgreift. Wenn anschließend noch ein transparentes Fixiermittel aufgetragen wird, bleiben die Früchte unserer Kreativität länger haltbar.

Bevor wir uns die einzelnen Schritte der Lackierung und das Anbringen der Decals genauer ansehen, eine letzte Bemerkung zum Lackierer: Wann immer möglich, sollten Sie sich einen Fachbetrieb in Ihrer Nähe suchen, nicht nur der Bequemlichkeit halber, sondern auch, um kein unnützes Geld für den Versand auszugeben. Zudem haben Sie dann auch die Möglichkeit, mit eigenen Augen zu sehen, wie dort gearbeitet wird, und wenn in Zukunft irgendwelche Ausbesserungen notwendig werden sollten, ist die Werkstatt in Reichweite.

Auf dem Foto oben sind die einzelnen Phasen einer Lackierung zu sehen: Die erste Gabel rechts ist im Ausgangszustand, gesandstrahlt oder entlackt. Die zweite ist mit einem hellgrauen Primer, einer Epoxid-Grundierung als Rost- und Korrosionsschutz, überzogen. Bei der dritten Gabel wurde der farbtongebende Basislack aufgetragen, in diesem Fall in kirschrot. Mit der vierten und letzten Gabel, der grauen ganz links, endet das Prozedere schließlich mit dem Auftragen von zwei oder drei Schichten transparentem Zwei-Komponenten-Lack, nachdem zuvor etwaige Dekore (Farbverläufe, Schablonierungen, Zierstreifen etc.) und Decals aufgebracht wurden.

Rechte Seite: Oben mehrere Rahmen mit der Epoxidharz-Grundierung, die die erste Schicht bildet, und unten in Großaufnahme einige Rahmendetails mit der Grundierungsschicht, vor Auftragen des Basislacks.

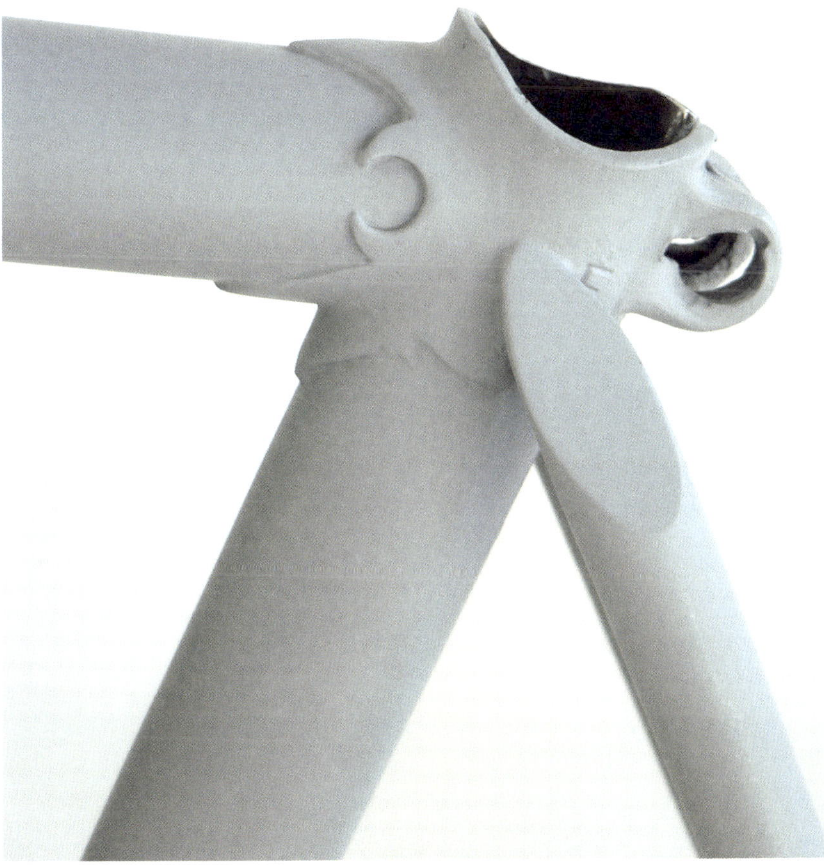

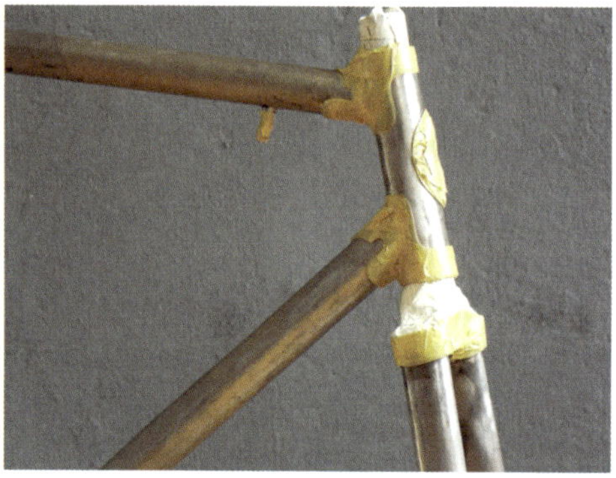

Die einzelnen Lackierungsschritte. Betrachten wir nun im Einzelnen alle Schritte der Lackierung, beginnend bei der Grundierung. Als Grundierung verwenden wir einen pigmentierten Primer auf Epoxidharzbasis, der als Korrosions- und Rostschutz wirkt und sich mit verschiedenen Metallen wie Stahl, Aluminium und Gusseisen stabil verbindet. Er wird auf den gesandstrahlten Rahmen aufgesprüht und bildet die Grundlage für die folgende Lackierung. Diese Grundierungen sind in verschiedenen Farbtönen erhältlich; hellgrau, ziegelrot und weiß sind die verbreitetsten. Die Wahl des Farbtons hängt von der Farbe der oberen Lackschicht ab: Wenn wir uns für eine helle Farbe entschieden haben, sollten wir weiße Grundierung auftragen, für alle mittleren Farbtöne wird hellgrau empfohlen, für dunkle das Ziegelrot. Wenn der Rahmen verchromte Partien, ein Steuerkopfschild oder andere Details aufweist, die nicht lackiert werden sollen, so müssen diese vor Auftragen der Grundierung sorgfältig abgeklebt werden.

Sobald dann der farbtongebende Basislack aufgetragen wurde, ist es an der Zeit für die Dekore, Decals, Schablonierungen für Schriftzüge oder Spezialeffekte wie Netzmuster oder Schattierungen. Vor der Anbringung von Schablonen ist es ratsam, den ganzen Rahmen mit Stahlwolle oder feinem Schleifpapier leicht anzurauen, damit diese besser an der Oberfläche haften, vor allem wenn als Basislack ein Metallic-Lack verwendet wurde. Auf solchen Lacken haftet der Kleber der Schablonen sehr schlecht. Nachdem die Schablonen mit Farblack besprüht sind, folgen die Feinarbeiten der Lackierung, das Nachziehen von Pantografien und eingravierten

Unten und auf der linken Seite: Einige Arbeitsschritte bei der Verwendung von Schablonen im Zuge der Lackierung eines Rahmens.

Schriftzügen und das Aufmalen von Zierstreifen. Dazu muss gesagt werden, dass nicht alle Lackierer in der Lage sind, gute Zierstreifen zu malen. Einige Meister dieser Kunst habe ich kennengelernt, wahre Zierstreifen-Experten, aber es gibt nicht viele davon. Früher, vor allem in den 1940er und 1950er Jahren, gab es Fachleute nur für diese Arbeit – oft waren es Frauen –, die die Streifen mit speziellen Zeichenfedern auf die Rahmen malten. Das erforderte neben einer ruhigen Hand auch eine gute Portion Können und Technik. Eine monotone Geduldsarbeit, die jedoch dem Rahmen jenes gewisse Handgemalte, jene Einzigartigkeit verleiht, die es heutzutage nicht mehr gibt. Heute ist es nicht ganz einfach, noch Menschen zu finden, die diese Art der Veredelung beherrschen, auch wenn sich die Situation durch das Revival der Vintage-Räder und die immer größere Zahl ihrer Fans gerade zu verbessern scheint.

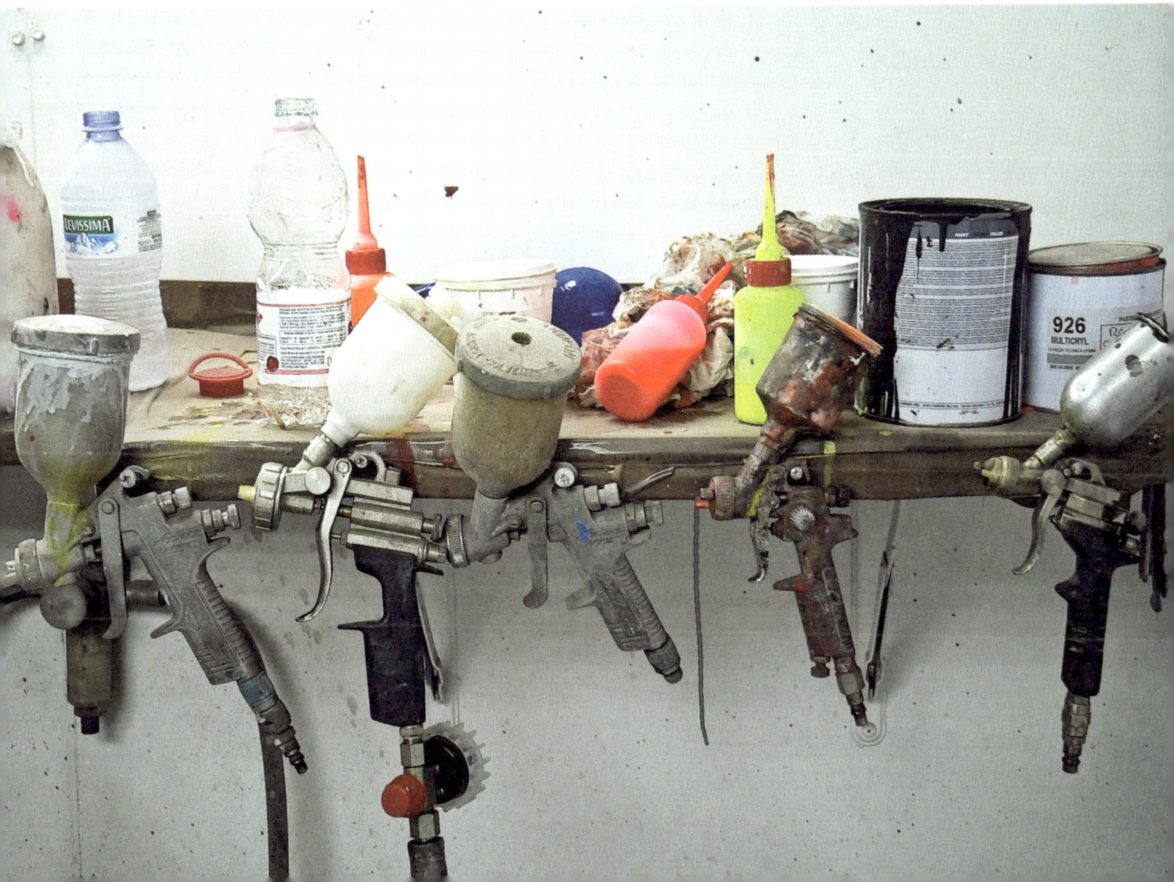
LEVISSIMA
926
MULTICRYL

Beispiel für eine kreative Restaurierung: Ein Damenfahrrad in der Farbe Eierschalenweiß. Korb, Schutzbleche und Kettenschutz wurden in derselben Farbe lackiert wie der Rahmen; das Innere des Kettenschutzes ist schwarz, um das verchromte Kettenblatt zur Geltung zu bringen. Auch der elastische Rockschutz in schwarz-weiß nimmt die zwei Hauptfarben des Rads auf.

Einige Beispiele für Transfersticker-Decals der Marke De Rosa.

Verschiedene Arten von Decals. Im Handel finden sich üblicherweise drei Arten von reproduzierten Decals: normale Aufkleber, Kopal-Abziehbilder und die sogenannten Transfers. Für das korrekte Anbringen der verschiedenen Arten ist es sinnvoll, sich exakt an die entsprechenden Anweisungen zu halten. An Hilfsmitteln benötigen wir ein Teppichmesser, Schere, Zollstock, Kreppklebeband und Schleifpapier (1000/1500).

Für die Anbringung von Kopal-Decals brauchen wir Klarlack auf Kopalbasis ohne Zusätze (etwa Damar) und einen kleinen Pinsel zum Auftragen. In der Regel haben wir es hier mit einem dickeren Trägerpapier zu tun, das mit einem Seidenpapier bedeckt ist, auf dem das Decal aufgedruckt ist. Vor der Anbringung muss der entsprechende Bereich des Rahmens durch leichtes Anrauen mit feinem Schleifpapier vorbereitet werden. Dann schneiden wir alles überschüssige Papier rund um das Bild weg und ziehen das dickere Trägerpapier ab. In der Hand halten wir nun das Seidenpapier mit der freiliegenden Rückseite des Decals, auf die wir mit einem Pinsel das Damar auftragen. Wir warten ein wenig, bis der Lack klebrig wird, und kleben das Decal auf den Rahmen; dabei reiben und drücken wir es sorgfältig an, um sicher zu sein, dass die gesamte Fläche gut anhaftet. Um das Bild in Position zu halten, kann es eventuell mit Gummibändern fixiert werden. Wenn das Seidenpapier sicher am Rahmen befestigt ist, lassen wir es für

BRAKE LEVERS
DIVERSE
RAULER
ALLEGRO
Atala
COLNAGO SPORT
COLNAGO
ALLEGRO
COLNAGO
BRAKES SMALL PARTS

mindestens acht Stunden dort kleben, damit der Lack trocknen kann und das Decal gut haftet. Danach können wir das schützende Seidenpapier vom Bild entfernen. Dafür brauchen wir ein Tuch oder einen Schwamm und eine Schüssel mit lauwarmem Wasser. Wir machen das Seidenpapier nass und tupfen es immer wieder leicht ab, so lange, bis es sich von alleine vom Rahmen löst. Versuchen Sie nicht, das Papier abzuziehen, weil Sie damit das darunterliegende Decal beschädigen würden. Sobald das Seidenpapier entfernt ist, lassen wir das Decal ein paar Tage lang trocknen, ohne es anzurühren; danach kann die Arbeit mit den Klarlackschichten beendet werden.

Bei den sogenannten Transfers handelt es sich im Grunde um Bögen, die im Thermodruck mit kräftigen, UV-echten Farben bedruckt werden. Das Überziehen mit Klarlack ist auch bei dieser Art von Decals ratsam, aber kein Muss. Wenn es schwer fällt, das Decal von seinem Trägerpapier zu lösen, können wir uns damit behelfen, dass wir es am Rand mit der Spitze des Teppichmessers oder einer Nadel anheben. Wenn notwendig, feuchten wir diese dazu ein wenig an. Um die richtige Position zu markieren, sind ein Zollstock und Kreppklebeband nützlich.

Die erste Regel für die Anbringung von Transfer-Decals lautet, diese nicht ins Wasser zu legen. Und die zweite: Legen Sie sie bloß nicht ins Wasser! Diese Art von Decals enthalten einen nicht wasserlöslichen Kleber und sind im Grunde Rubbelbilder der Sorte »abziehen und aufkleben«. Dies vorausgesetzt, gibt es ein paar Dinge, die zu beachten sind, damit dieses Aufkleben tatsächlich so einfach und erfolgreich verläuft wie erhofft. Mit einer Schere schneiden wir die einzelnen auf einen Bogen gedruckten Decals aus und achten darauf, die bedruckten Bereiche nicht zu beschädigen. Dann bereiten wir die zu beklebende Stelle des Rahmens vor, indem wir sie mit feinem Schleifpapier leicht anrauen. Sobald wir die angeschliffene Stelle gereinigt und getrocknet haben, ist sie bereit für das Decal, das auf zwei Arten angebracht werden kann: nass oder trocken.

Beim Trockentransfer arbeiten wir ohne Wasser. Der Vorteil dieser Methode ist, dass der Rahmen nach Anbringen der Decals sofort mit Klarlack besprüht werden kann; der Nachteil ist, dass beim Anbringen keinerlei Fehler passieren dürfen, da das Decal, sobald es anliegt, nicht mehr verschoben werden kann. Die Nassschiebemethode hingegen verzeiht viel mehr und macht kleine Nachbesserungen während des Anbringens möglich. Bevor der Rahmen danach lackiert werden kann, ist allerdings eine Wartezeit von mindestens einer Woche einzuhalten, bis die Feuchtigkeit ganz verschwunden ist.

Für den Nasstransfer wird die Oberfläche, auf der das Decal haften soll, mit einem wassergetränkten Tuch angefeuchtet. Dann ziehen wir das Decal vom Trägerpapier und legen es auf die nasse Fläche. Die Feuchtigkeit bewirkt, dass das Decal auf dem Rahmen schwimmt, so dass wir es bequem in die richtige Position schieben und die kleinen Luftbläschen ausstreichen können, die sich vielleicht gebildet haben. Wir lassen es einige Stunden trocknen und entfernen dann die transparente Schutzfolie.

Beim Trockentransfer-Verfahren wird der Rahmen wie schon beschrieben angeraut. Wir ziehen das Trägerpapier ab und setzen das Decal mit größtmöglicher Sorgfalt an die richtige Stelle. Diese können wir zuvor mit Hilfe eines Zollstocks mit Kreppklebeband markieren, um die exakte Position auf dem Rahmen wiederzufinden. Wenn das Decal aufgebracht ist, reiben wir mit leichtem Druck über das gesamte Bild und lassen es dann ein paar Stunden antrocknen. Sobald wir sicher sein können, dass es fest am Rahmen haftet, ziehen wir die Schutzfolie ab.

Bei Decals, die als einfache Aufkleber daherkommen, achten wir auf die Luftblasen, die sich bilden können, wenn wir das Trägerpapier abziehen. Ideal ist es, während des Aufbringens stets leicht zum Rand hin zu streichen und das Trägerpapier nach und nach abzuziehen, während wir das Decal auf den Rahmen kleben.

Die Klarlackierung. Sobald alle Decals auf dem Rahmen angebracht sind, kommen wir endlich zum letzten Arbeitsgang: dem Aufbringen des Zwei-Komponenten-Klarlacks. Davon sollten wir mindestens zwei Schichten auftragen, manchmal auch eine dritte, um eine »glasige« Wirkung zu erzielen und die Tiefe der Farbe hervorzuheben. Zwischen einem Auftrag und dem nächsten schmirgeln wir den Rahmen jeweils mit einem angefeuchteten 1500er-Schleifpapier ab. Mit der Zeit habe ich auch das Problem der Farbtiefe verstanden: Vor allem bei Metallic-Farben erscheinen manche nach Auftragen des Klarlacks leuchtender als andere. Das hängt nicht von der Qualität der Lackierarbeit ab, sondern von der Zusammensetzung der Lacke.

Wenn schließlich der Tag gekommen ist, an dem ich den Rahmen beim Lackierer abhole, bin ich immer sehr aufgeregt bei der Vorstellung, nun endlich das Endergebnis zu Gesicht zu bekommen, denn dies ist der Moment der Wahrheit: Nun erst wird sich zeigen, ob wir gute Arbeit geleistet haben.

Die Wirkung der endgültigen Farbe nach Auftragen der letzten Schicht Klarlack ist nicht immer dieselbe. Einige Farben erzielen eine stärkere Wirkung als andere. Hier zeigt sich, dass der grüne Lack brillanter wirkt und auch der Metallic-Effekt besser zur Geltung kommt als beim roten.

DE ROSA
COLNAGO
CIÖCC

Seiten 168-169: Wenn der Rahmen fertig lackiert ist, können wir übrig gebliebenes Material wie Lack oder Decals verwenden, um auch Zubehör zu gestalten: Trinkflaschen, Schutzbleche, Kettenschutz, Luftpumpen – all diese typischen Zubehörteile lassen sich in die Lackierarbeit einbeziehen, so dass die Restaurierung wirklich umfassend erscheint.

CIÖCC
COLNAGO
DE ROS

Seiten 170-173:
Beispiel für eine Komplett-
restaurierung. Ein De Rosa
aus den 1980er Jahren.

CAMPAGNOLO
DE ROSA

DE ROSA
HUTCHINSON KEVLAR

RECORD
WORLD CHAMPION

Seiten 174-177: Ein komplett restauriertes Colnago in cremeweiß. Die Pantografien am Rahmen wurden im selben Gelbton der Decals lackiert, den auch die Zughüllen aufnehmen.

COLNAGO SUPER

MARCA

ITALY BREV.
CICLI
COLNAGO
SUPER
BREV. CAMPAGN
CAMPAGNOLO
BREV. INTER.
CAMPAGNOLO
BREV.

MERCKX
VITTORIA

Seiten 178-181: Beispiele für eine kreative Restaurierung. Zwei Damenfahrräder.

Mondia

LAUFRÄDER, SATTEL UND LENKER

6

PUMP HOLDERS
DECALS BRANDS
CAMPAGNOLO SMALL PARTS
BRAKES PADS
BRAKES SMALL PARTS

Wenn man ein Fahrrad als Ganzes betrachtet, stellt man fest, dass Laufräder, Sattel und Lenker vielleicht die drei Elemente sind, die den ästhetischen Gesamteindruck am meisten beeinflussen. Auch bei einer konservativen Restaurierung kommt diesen drei Komponenten also große Bedeutung zu. Das ist der Grund, warum sie hier ein eigenes Kapitel erhalten.

Die Laufräder. Die Laufräder gehören zu jenen Teilen des Rads, die am häufigsten geändert und ausgetauscht werden. Die erste Maßnahme bei einer Restaurierung besteht daher darin, zu kontrollieren, ob alle Elemente zusammenpassen. Ein Laufrad setzt sich aus vier verschiedenen Teilen zusammen: dem Reifen (Schlauchreifen oder Mantel), der Felge, der Nabe und den Speichen mit Unterlegscheiben und Nippeln. Dazu haben wir am Hinterrad einen schraubbaren Freilauf mit einem oder mehreren fest verbundenen Ritzeln. Alle diese Elemente müssen in ihrem Zusammenspiel und einzeln überprüft werden.

Zunächst müssen wir feststellen, ob die Laufräder tatsächlich ein Paar bilden oder ob es sich um zwei verschiedene handelt. Dazu überprüfen wir, ob die vier oben genannten Komponenten am Vorder- und Hinterrad in Marke und Modell übereinstimmen. Achten sollten wir vor allem auf die Schnellspanner und auf die Mäntel bzw. Schlauchreifen – die beiden Komponenten, die am häufigsten ersetzt werden. Wenn Teile nicht original sind, müssen wir sie ersetzen, auch wenn das bedeuten sollte, das Laufrad komplett neu aufzubauen.

Wenn wir die Übereinstimmung der Teile kontrolliert haben, fahren wir mit der technischen und ästhetischen Überprüfung fort. Als Erstes nehmen wir die Nabenmuttern fest in die Hände und stoßen das Laufrad an, um zu sehen, ob es sich einwandfrei, d.h. gerade und flüssig dreht, was darauf schließen lässt, dass die Nabenlager in Ordnung sind. Wenn am Hinterrad ein Schraubkranz sitzt, überprüfen wir dessen Lauffähigkeit, indem wir ihn einfach mit den Händen drehen. Die Ritzel sind oft stark verschmutzt; um sie ordentlich zu reinigen und zu fetten, ist es unumgänglich, das Zahnkranzpaket auszubauen.

Für den Ausbau des Schraubkranzes brauchen wir den zum jeweiligen Freilauf-Modell passenden Zahnkranzabzieher, und da es davon etliche verschiedene gibt, kann es ein Problem sein, wenn der richtige nicht zur Hand ist. Kein Problem hingegen stellt der Wiedereinbau des Freilaufs dar, sobald alles gereinigt ist: Nun muss das Zahnkranzpaket bloß mit der Hand auf die Nabe aufgeschraubt werden, ohne Abzieher, da die Fliehkraft dafür sorgen wird, dass sich alles von selbst festzieht, sobald das Rad bewegt wird.

An den Speichen interessiert uns vor allem ihr Zustand, d.h. ob sie rostig sind. Kleine Mengen von Rost sind meist kein wirkliches Problem, da so etwas leicht mit Glaswolle oder feiner Stahlwolle entfernt werden kann. Wenn der Rost allerdings bereits tiefer geht, rate ich dazu, das Rad neu einspeichen zu lassen. Nur in den seltenen Fällen, in denen passende Speichen und Nippel schwer aufzutreiben sind – ich denke hier an Räder aus den 1930er Jahren oder noch ältere –, sollten wir auch extrem rostige Speichen zu retten versuchen. Ob man ein Laufrad neu einspeichen soll, ist stets eine persönliche Entscheidung, die von den jeweiligen ästhetischen Ansprüchen und der generellen Einschätzung des Zustands der Laufräder abhängt. Natürlich versuchen wir bei einer konservativen Restaurierung, möglichst alles zu erhalten, doch nicht immer ist das möglich oder vom ästhetischen Gesichtspunkt aus vertretbar. Gestatten Sie mir noch eine Bemerkung für den Fall, dass Sie sich dafür entscheiden, die Laufräder neu einzuspeichen: Die Montage und Zentrierung eines Laufrads ist zweifellos eine der mechanisch anspruchsvollsten und heikelsten Tätigkeiten bei einer Restaurierung – es ist also ratsam, diese Aufgabe zu delegieren, wenn Sie keine Erfahrung damit haben.

Wenn wir bei der Überprüfung der Naben Reibung oder unsauberes Laufverhalten festgestellt haben, müssen die Nabenlager gereinigt werden. Um die Nabe zu öffnen und an die Kugellager heranzukommen, müssen wir mit speziellen Flachschlüsseln den Lagerkonus von der Achse abschrauben. Ist die Nabe geöffnet und die Achse entfernt, lässt sich der Zustand der Laufflächen und Kugelringe beurteilen. Weisen diese Verschleißspuren auf, so sollten wir, wie bereits bei Steuersatz und Innenlager erläutert, sowohl die Kugellager als auch die Achse ersetzen, eventuell die ganze Nabe. Nachdem wir die Lagerschalen mit einer guten Portion Fett geschmiert haben, können wir die Nabe wieder zusammenbauen, wobei wir darauf achten, ein kleines bisschen Spiel zuzulassen, dessen Fehlen die Leichtläufigkeit der Nabe beeinträchtigen würde. Für diese Wartungsarbeit muss das Laufrad nicht ganz auseinandergebaut sein, die Speichen dürfen also bleiben. Am Hinterrad muss aber, um an den Konus heranzukommen, zuvor das Zahnkranzpaket demontiert werden.

Wenn nun die Laufräder keine besonderen Schäden aufweisen, die den Austausch der Felgen

Die Bilder auf diesen beiden Seiten zeigen alle Arbeitsschritte beim Ausbau des Zahnkranzpakets: Nachdem wir den Schnellspanner entfernt haben, setzen wir den Abzieher so auf den Grundkörper des Schraubkranzes auf (Bild 1), dass die Zapfen in die entsprechenden Öffnungen einrasten, und fixieren ihn mit der Verschlussmutter des Schnellspanners, um zu verhindern, dass er abrutscht, während wir versuchen, das Zahnkranzpaket auszubauen (Bild 2). Nun können wir dieses mit Hilfe des Abziehers von der Nabe abschrauben, entweder mit einem normalen Flachschlüssel, oder indem wir den Abzieher im Schraubstock festklemmen und das Rad drehen (Bild 3); dabei müssen wir zugleich den Schnellspanner öffnen. Wenn der Freilauf abgeschraubt ist (Bild 4), haben wir die Möglichkeit, ihn gründlich zu reinigen und ihn, falls er sich ein wenig festgefressen hat, mit etwas Schmiermittel zu lösen, das wir in den Mechanismus des Grundkörpers laufen lassen.

MICHELIN AXIAL

Nachdem wir die Naben geöffnet haben, können wir sie reinigen (Bild 1), ebenso wie die Achse (Bild 2). Vergessen Sie nicht, auch die Schnellspanner zu überprüfen. Falls die Hebel ein wenig festgefressen sind, fetten Sie den Mechanismus, indem Sie ausreichend Schmiermittel hineinlaufen lassen (Bild 3). Dasselbe machen wir mit dem Grundkörper des Schraubkranzes, sobald wir diesen wieder montiert haben.

Wer in diesem Metier noch nicht so erfahren ist, steht oft recht ratlos vor den an der Flanke eines Fahrradreifens aufgedruckten Zahlen. Auf dem Mantel im Bild lesen wir: »35 x 590 (650 x 35A - 26 x 1 3/8)«. Das sind die Größenangaben für diesen Mantel, ausgedrückt in den drei verbreitetsten Maßsystemen. Die erste Angabe (35 x 590) folgt dem ETRTO-System: 35 Millimeter in der Breite und 590 Millimeter im Innendurchmesser misst dieser Reifen. Die zweite Angabe (650 x 35A) folgt dem französischen System: 650 Millimeter (ungefähr) misst der Außendurchmesser des Reifens und wiederum 35 Millimeter die Breite. Die dritte Angabe (26 x 1 3/8) folgt dem englischen System, das die Maßeinheit Zoll verwendet: 26 Zoll (ungefähr) misst der Außendurchmesser, 1 3/8 Zoll die Breite des Reifens.

erfordern, sind wir bereit, die Reifen zu prüfen. Bei der konservativen Restaurierung kann das komplizierter sein, als wir erwarten. Normalerweise sind Mantel oder Schlauchreifen nicht nur wegen der Ästhetik, sondern auch wegen funktionaler Mängel zu ersetzen: Entweder haben sie kein Profil mehr oder sie sind verformt oder der Gummi ist porös geworden. Leider aber ist es bei sehr alten Fahrrädern, grob gesagt bei allen mit Baujahr vor den 1960ern, alles andere als einfach und auch nicht billig, passende Mäntel auf dem Markt zu finden. Denken Sie also daran, dass heute etliche Hersteller Modelle von Schlauchreifen und Mänteln produzieren, die sich ästhetisch an die historischen Vorgänger anlehnen und, wenn man den technischen Fortschritt der letzten Jahre bedenkt, eine großartige Alternative zu den Originalen darstellen – auch wenn ihr Erscheinungsbild nicht an das der alten Reifen heranreicht. Wenn wir diese Entscheidung treffen müssen, sollten wir zumindest darauf achten, dass sie in Typ und Farbe den ursprünglichen Reifen entsprechen und mit dem Rest des Rades so gut wie möglich harmonieren. Vor allem aber sollten wir, wenn sie auch nur einigermaßen akzeptabel sind, die alten Reifen aufarbeiten. Sowohl Mäntel als auch Schlauchreifen lassen sich mit Schwamm und Seife reinigen, vor allem der Textilteil.

Nahezu obligatorisch hingegen ist der Austausch der Schläuche, umso mehr wenn wir die Mäntel wechseln. Ansonsten riskiert man nur unnötige Platten.

Nicht schaden kann beim Thema Mäntel und Schlauchreifen ein kleiner Exkurs zum Thema Maße, da diese oft für Verwirrung sorgen, vor allem wenn man noch wenig Erfahrung in diesem Metier hat und es um Fahrräder abseits des Radsports wie Damenräder, Tourenräder, Mountainbikes und Chopper geht. Auf jedem Reifen sind normalerweise alle relevanten Informationen zu den Maßen angegeben, und zwar nach unterschiedlichen Systemen. Es gibt drei übliche Systeme: das der ETRTO (European Tire and Rim Technical Organization), das englische System (in Zoll) und das französische (in Millimetern). Das erste ist heute das wohl meistgebrauchte und eindeutigste, da es die Breite des Reifens und seinen Innendurchmesser angibt und damit die Abstimmung mit dem Durchmesser der Felge vereinfacht.

Schlauchreifen und Mäntel für Rennräder haben stets denselben Durchmesser: 28 Zoll. Anders ist das mit den Breiten, von denen jede ihre Vor- und Nachteile hat. Diese reichen von mindestens 19 Millimetern bis zu maximal 27 Millimetern. Gern gefahren werden die breiten Varianten vor allem bei Radveranstaltungen wie der Eroica, die über ungeteerte Straßen führen, wo die Beanspruchung besonders groß und das Risiko von Reifenpannen sehr hoch ist. Schlauchreifen oder Mäntel von 19 und 20 Millimetern Breite haben nicht nur einen geringeren Rollwiderstand, sie können auch mit mehr Druck aufgepumpt werden und sind natürlich am leichtesten. Die mittleren Breiten von 22 bis 25 Millimetern sind die gebräuchlichsten; sie stellen den gangbaren Kompromiss zwischen den beiden Extremen dar.

Schließlich möchte ich daran erinnern, dass die Laufräder bei kreativen Restaurierungen oft ein Schlüsselelement darstellen. Besonders im Bereich der Fixies, also sehr »nackten« Rädern, konzentriert sich der Gestaltungswille neben Lenker und Sattel vor allem auf die Laufräder. Die ästhetischen Möglichkeiten, die wir bei dieser Art von Projekten haben, sind heute nahezu unbegrenzt. Hier können wir uns mit Reifen jeder Art in allen möglichen Farben und Modellen austoben, und dasselbe gilt für Naben, Speichen und sogar für die Speichennippel.

Ein Cilo aus den 1950er Jahren: ein schönes Beispiel dafür, wie sehr Holzfelgen das Erscheinungsbild bestimmen und dem Rad den gewissen Vintage-Charme verleihen können.

COLNAGO
COLNAGO

Der Sattel. Der Sattel ist der Teil des Fahrrads, der mich persönlich am meisten fasziniert. Mag sein, dass es an der Form liegt, an den verwendeten Materialien und der verlebten Patina, die diese auszeichnet, oder vielleicht daran, dass sie so sehr nach Handwerkskunst aussehen. Doch ich denke, ein wenig liegt es auch daran, dass die Ledersättel von einst eine Zeit der Eingewöhnung benötigten, in der man sich den Sattel zu eigen machen musste, indem man ihn der eigenen Anatomie anpasste, und das bedeutete unweigerlich eine Zeit des … Leidens. Aber auch jenseits dieser persönlichen Faszination ist es eine Tatsache, dass der Sattel bei einer Restaurierung eine der entscheidenden Komponenten ist.

Wie alle anderen Fahrradteile haben sich die Materialien und Formen des Sattels in den letzten Jahren technisch weiterentwickelt: Sattelschale und Polsterung haben sich ebenso verändert wie das Obermaterial, und die Sättel sind immer leichter und bequemer geworden. Doch neben einem schönen alten Sattel mit seinem abgewetzten Leder wirken die heutigen Sättel reichlich blass.

Je nach Art des Fahrrads gibt es auch unterschiedliche Sattelmodelle: Tourensättel, Rennsättel, Bahnradsättel, Choppersättel, Sättel in allen Formen und Materialien, von sehr edel bis sehr billig. Aber auch heute noch sind Firmen auf dem Markt, die seit mehr als einem Jahrhundert Sättel allerhöchster Qualität mit derselben Handwerkskunst von einst produzieren.

Bei einer konservativen Restaurierung müssen wir sicherstellen, dass der Sattel noch in gutem Zustand ist, vor allem dass die Sattelschale keine Brüche aufweist. Wenn der Bezug aus Leder ist, so sieht dieses nach einer Behandlung mit spezieller Ledercreme oder Lederfett wie neu aus; hat sich das Leder verformt, so reicht es, den Sattel in lauwarmem Wasser einzuweichen und dann mit Klemmen in Form zu ziehen. Besteht die Sattelschale aus Stahl und ist verrostet, so schmirgeln wir sie ab, wie in Kapitel 4 anhand der Tretkurbeln beschrieben, und pinseln sie dann mit Rostschutzöl ein.

Wenn hingegen der Sattel so zerrissen oder abgeschabt ist, dass er ästhetisch inakzeptabel erscheint, ersetzen wir ihn, wobei wir wie immer darauf achten, historisch passenden Ersatz zu finden. In den Herstellerkatalogen wurden zu jedem Rad früher normalerweise auch Marke und Modell des montierten Sattels genannt. Fehlen uns solche Anhaltspunkte für den Originalsattel, so ersetzen wir ihn nach unserem Geschmack durch ein anderes Modell, das jedoch von derselben Art sein und aus derselben Zeit stammen sollte. Bei sehr alten Fahrrädern, also solchen, die vor den 1960er Jahren gebaut wurden, ist das, wie man sich vorstellen kann, komplizierter und oft auch teuer. Zum Glück bieten viele Hersteller heute noch dieselben Modelle wie früher an: eine gute Wahl, wenn das Original nicht verfügbar ist. Bei einer Komplettrestaurierung sollten wir den Zustand des Sattels besonders kritisch bewerten: Wenn dieser nicht wirklich einwandfrei ist, sollte er besser ersetzt werden, denn es wäre ästhetisch widersinnig, einen unvollkommenen Sattel auf einen perfekt renovierten Rahmen zu montieren.

Bei der kreativen Restaurierung ist der Sattel ein entscheidender Faktor für das Gelingen des Vorhabens, und im Allgemeinen auch das Teil, in das neben der Rahmenlackierung das meiste Geld investiert wird. In der urbanen Kultur ist das Rad zum Statussymbol aufgestiegen, zum Beleg eines bestimmten Lifestyles, so dass es zu immer mehr Überschneidungen zwischen Modewelt und Radsport kommt. Etliche Designer und Künstler haben Sättel entworfen oder waren an der Herstellung besonderer Modelle beteiligt, und von allen Fahrradkomponenten ist der Sattel zweifellos diejenige, die sich am besten für solche Kooperationen eignet. Bei Tourenrädern ist nicht selten auch ein passendes Werkzeugtäschchen dabei, das sich ebenfalls sehr gut gestalten lässt.

Ein schöner Sattel verfehlt nie seine Wirkung und gibt einem Rad das gewisse Etwas. Wenn er zudem mit der Verkleidung des Lenkers abgestimmt ist, wird das Ergebnis noch überzeugender ausfallen. Der Boom der sozialen Netzwerke hat zahllose Handwerker ans Licht gebracht, die individuelle Lösungen für den Sattel ebenso wie für den Lenker anbieten, so dass einem nur die Qual der Wahl zwischen all den Möglichkeiten bleibt. Um sich davon zu überzeugen, reicht eine kleine Recherche in den verschiedenen Netzwerken. Je genauer unsere Vorstellungen sind, umso mehr können wir den Sattel personalisieren … und für ihn ausgeben – vor allem

wenn wir bei einer kreativen Restaurierung volle Handlungsfreiheit genießen.

Eine Alternative für alle, die nicht viel ausgeben können oder etwas ganz Bestimmtes wollen, ist das Selbermachen. Mit ein wenig handwerklichem Geschick ist es einfach, einem Sattel ein anderes Aussehen zu geben, indem wir ihn neu beziehen. Dazu brauchen wir nur eine Schere, Kontaktkleber für Textilien und einige Klammern, und das Ergebnis wird mehr als akzeptabel sein. Die Freiheit, den Sattel ganz nach persönlichem Geschmack zu gestalten, macht ihn zu einem Einzelstück, ganz zu schweigen von der Befriedigung, die darin liegt, auch eine solche Arbeit mit eigenen Händen fertigzustellen. Schließlich werden wir einen Gegenstand zu neuem Leben erweckt haben, der zunächst nur zum Wegschmeißen gut schien. Sollten wir uns aber nicht sicher sein, ob uns die Arbeit gelingt, können wir immer noch eine Sattlerei oder Polsterei kontaktieren (zunächst wegen eines Kostenvorschlags, wie immer).

Der Sattel ist vielleicht jene Komponente, die uns die größte Sorgfalt bei ihrer Wahl abverlangt; zusammen mit der Lenkerverkleidung und den Reifen trägt sie entscheidend zum Erscheinungsbild eines restaurierten Rades bei.

PURE BRISTLES
MIPEL
PELLE CUOIO

Seiten 196-199: Dieses Damenrad aus den 1950er Jahren demonstriert sehr schön, wie sehr Laufräder und Lenker das Erscheinungsbild eines restaurierten Rades prägen.

REGISTRO DELLE BICICLETTE EROICHE

L'Eroica®

N° PROGRESSIVO: 1315

REGISTRAZIONE DEL 4 Ottobre 2013

Marca	LEO	Modello	Corsa
Anno	1957	Matricola	
Telaio	Columbus	H telaio	
Colore	crema	Provenienza	Firenze

Componenti: Manubrio, attacco Cinelli in acciaio cromato - serie di sterzo, cambio, deragliatore centrale, pedali, mozzi Campagnolo Gran Sport - freni Universal 51 - ingranaggio Simplex - pedivelle Magistroni - cerchi Nisi.

Note: Bicicletta usata da Gastone Nencini nel 1957.

Restaurata ☐ Conservata ☒ Stato ☒ Ottimo ☐ Buono ☐ Sufficiente

DAS REGISTER HISTORISCHER FAHRRÄDER DER EROICA

Aldo Pacini

—

Einer der Organisatoren der Eroica und Mitglied der Kommission, der die Beurteilung der Räder für das *Registro dello Biciclette Eroiche* obliegt

Mit der Eroica in Berührung gekommen bin ich erstmals im Jahr 2000, als ich gefragt wurde, ob ich in meiner Eigenschaft als Vizepräsident der Lega Ciclismo Nazionale UISP dabei sein wollte, und ich habe mich sofort in diese Veranstaltung verliebt.

Wirklich Teil davon wurde ich jedoch erst 2007, als Furio Giannini, ein enger Mitarbeiter von Giancarlo Brocci, der die Eroica seit der allerersten Ausgabe im Jahr 1997 organisiert, mich fragte, ob ich mich zusammen mit dem befreundeten Fahrradrestaurator Medardo Fioresi um das Verzeichnis historischer Fahrräder kümmern wollte, das er einzurichten gedachte, das *Registro delle Biciclette Eroiche*. Er erläuterte uns das Projekt in groben Zügen und gab uns freie Hand bei der Organisation.

Wir machten uns gleich an die Arbeit, indem wir zuallererst überlegten, wer die erforderliche Kompetenz und Leidenschaft haben könnte, noch dazuzustoßen. Damals bewegte ich mich schon verschiedene Jahre in dieser Welt, so dass es nicht schwierig war, die richtigen Menschen zum Mitmachen zu bewegen: Irio Tommasini, ein bekannter Rahmenbauer und Sammler historischer Fahrräder, war der Erste, den wir kontaktierten, und er nahm die Einladung sofort mit Begeisterung an, und ebenso erfreut war der Restaurator und Sammler Paolo Cavazzuti. Im Oktober darauf starteten wir unser Abenteuer.

Das Ziel war klar: Bilder, Informationen und Daten zu »Rennrädern und anderen Rädern« zu sammeln, die vor 1987 gebaut wurden und noch fahrtüchtig sind, um ihre Besonderheit, ihre Geschichte und vor allem ihre einzigartige Schönheit bekanntzumachen und zu würdigen. Das Jahr 1987 wurde gewählt, weil es das Jahr war, in dem moderne Klickpedale wie das Look-System die traditionellen Hakenpedale endgültig verdrängten, was – neben Bremszügen, die im Inneren des Rahmens verschwanden, und Schalthebeln, die nun am Lenker montiert waren statt wie zuvor am Unterrohr – sinnbildlich für den Übergang vom klassischen, »heroischen« zu unserem heutigen, von Technik geprägten Radsport steht.

Jeder kann beantragen, sein Fahrrad in das Verzeichnis aufnehmen zu lassen, indem er es einer Kommission von Experten vorstellt, die prüfen, ob die Anfrage berechtigt ist. Für jedes Rad wird eine Karteikarte angelegt, auf der Marke, Modell, Baujahr, Farbe, Maße, die eventuelle Seriennummer des Rahmens und, falls bekannt, die Herkunft verzeichnet sind. Außerdem werden Details der Komponenten aufgelistet (Schaltgruppe, Bremsen, Lenker, Sattel etc.) sowie alle weiteren Bemerkungen, die für die Katalogisierung interessant sein können. Ergänzt wird die Karteikarte durch ein Foto und die Unterscheidung »restauriert« oder »konserviert«; im letzteren Fall wird auch noch ein Urteil über den Erhaltungszustand ergänzt.

Heute umfasst das Register Tausende von Rädern, darunter wahre historische Schätze wie das Leo, mit dem Gastone Nencini 1957 den Giro d'Italia gewann.

Teil dieses Projekts zu sein, war für mich eine Reise in eine ganz neue Welt, die mir die Chance gegeben hat, mich mit Radfahrern und Champions von gestern und heute auszutauschen, über mechanische Details ebenso wie über die Fahrtechniken auf unbefestigten Straßen. Zudem konnte ich Räder aus allen Epochen begutachten, vom Ende des 19. Jahrhunderts bis in die 1980er Jahre, und das handwerkliche Geschick und den Erfindungsreichtum bewundern, die deren Erbauer im Umgang mit der noch unausgereiften Technik früherer Zeiten bewiesen.

Und immer noch erwarten uns neue Herausforderungen und Abenteuer... So überlegen wir etwa, das Register auch für all die anderen »Eroicas« zu öffnen, die mittlerweile rund um die Welt stattfinden. Und wenn ich mir all die in den letzten Jahren entstandenen Nachahmerprojekte ansehe, kann ich nicht anders, als mit Giancarlo Brocci zu bemerken, dass »jede Kopie den Wert des Originals steigert«.

Der Lenker. Ich hatte immer das Gefühl, dass der Lenker eines Fahrrads eine starke erotische Komponente in sich trägt. Die Formen, die ihm im Laufe des letzten Jahrhunderts gegeben wurden, besaßen stets besondere Linien, ein Profil, das meiner Meinung nach die Sinnlichkeit des Fahrrads unterstreicht. Hätte Picasso ein Fahrrad gemalt, ich bin sicher, in den Kurven des Lenkers hätte er sich verewigt. Wenn wir die Biegungen und das Ausladende betrachten, das gewisse Lenkerformen zeigen, die in der Vergangenheit verwendet wurden, vor allem vor den 1940er Jahren, so findet sich überall eine vorherrschende Eigenschaft, eine gewisse ... *Sexyness.* Bloß angedeutete Kurven oder aber extreme Knicke fallen stark ins Auge und geben dem Metall jene eleganten und sinnlichen Formen, die gut in der Hand liegen. Wenn wir die nüchterne Eleganz eines Bahnfahrrads betrachten, vor allem eines alten, dann ahnen wir, dass ein großer Teil seiner ästhetischen Kraft in der Form des Lenkers liegt. In der Vergangenheit, vor allem in den 1980er Jahren, gab es immer wieder futuristische Entwürfe mit Vorbauten knapp über dem Vorderrad, lauter Experimente, die auf die ersten aerodynamischen Untersuchungen zurückgingen, mit ästhetischen Resultaten, die manchmal fragwürdig waren, manchmal atemberaubend.

Materialien, Lenkerbügel, Vorbau haben sich im Laufe der Jahre sehr verändert und verbessert. Heute hat jede Art von Fahrrad ihren Lenker. Es gibt Tourenbügel, Mountainbikebügel, Rennbügel... Bei einer konservativen Restaurierung kann es manchmal schwierig werden, dem Lenkermodell treu zu bleiben, das dem Originalrad entspricht, auch weil die Unterschiede nicht immer offensichtlich sind. Den richtigen Lenker für ein sehr altes Rad, etwa aus den 1920er oder 1930er Jahren, zu finden, kann eine echte Herausforderung sein. Extravagant geformte Lenkerbügel sind zu einem gesuchten Sammlerobjekt geworden.

Ein erstes Detail, das wir beachten sollten, ist, dass Fahrradlenker bis in die 1930er Jahre ganz überwiegend aus Stahl gefertigt waren. Aluminium trat zuerst in Frankreich gegen Ende der Dreißiger auf, mit der Einführung von Duraluminium in der Luftfahrtindustrie. Außerdem waren Lenkerbügel und Vorbau zu Beginn des 20. Jahrhunderts stets in einem Stück gefertigt; erst seit den 1930er Jahren werden die beiden Teile getrennt produziert und geben Radfahrern so die Möglichkeit, die Lenkerposition den eigenen Maßen anzupassen. Obwohl der Vorbau schon in den 1940er Jahren eine interessante Entwicklung erfuhr, sei es durch Materialien wie Aluminium, sei es in der Form, fand erst in den 1950er Jahren eine epochale Umwälzung statt, vor allem im Design. Um eine aufrechtere Sitzposition einnehmen zu können, musste der Griff auf den oberen Teil des Lenkerbügels verlagert werden. Die zuvor sanft abwärts gerundeten Kurven wurden also durch geradere Linien ersetzt, die es dem Fahrer erlauben, die Hände auf dem Oberlenker abzustützen, und so mehr Komfort ermöglichen. Auch die Breite änderte sich, der Lenker wurde kürzer, kompakter, mit allen Vorteilen, die dies für die Agilität des Rads mit sich bringt. Eine neue Welle von Innovationen, die die Ästhetik des Lenkers radikal veränderten, folgte gegen Ende der 1980er Jahre. Eine der auffälligsten, zumindest bei den Rennrädern, ist das Verschwinden der Züge, die durch eigene Durchlässe ins Innere der Rohre geführt werden.

Parallel zur Entwicklung der Lenkerformen haben sich auch das Lenkerband und die Lenkerbezüge weiterentwickelt. Zu Beginn des 20. Jahrhunderts bis in die 1920er Jahre waren Fahrradlenker im Grunde nicht bezogen, sondern verfügten nur über Griffe. Dann kam das erste Lenkerband aus Baumwollgewebe auf den Markt, das bis in die 1960er Jahre die verbreitetste Art der Verkleidung für Rennlenker blieb. Erst in den 1970er Jahren wurde die Auswahl größer, als glänzende Nylonbänder aufkamen und leicht gepolstertes Plastiklenkerband, das man »Pelten« nannte. In derselben Zeit wurde auch der elegante und raffinierte Lenkerbezug aus Leder patentiert, der in einem besonderen handwerklichen Verfahren direkt um den Lenkerbügel genäht wird und diesem ein einzigartig luxuriöses Aussehen verleiht.

Ebenso wie die Wahl des Lenkers ist auch die des richtigen Lenkerbands sehr wichtig bei einer konservativen Restaurierung. Einer der häufigsten Fehler besteht darin, sich die Freiheit zu nehmen, ein beliebiges Lenkerband zu verwenden. Nein, jede Zeit hat ihr Lenkerband, und danach sollte man sich richten – mag dieses Detail auch unbedeutend erscheinen, so besitzt es doch mehr Relevanz als viele andere.

Ein interessantes Verfahren, das die Franzosen ab den späten 1930er Jahren oft nutzten, um Lenkerband aus Baumwolle zu fixieren und vor Feuchtigkeit zu schützen, ist der Gebrauch von Schellack. Nicht nur, dass dieser das Band lange Zeit zu schützen vermag, Schellack hebt auch die Schönheit des verwendeten Gewebes hervor und verändert dessen Farbton, je nach der ursprünglichen Farbe des Bands: Mit einem gelben Band erhalten wir ein hell leuchtendes Braun, mit Orange ein dunkleres Braun, mit Rot ein kräftiges Bordeaux.

Die Wirkung des schellackbehandelten Lenkerbands ist sehr edel, dennoch sollten Sie dieses

Ein Verfahren zum Schutz des Lenkerbands, das vor allem in Frankreich ab den späten 1930er Jahren in Gebrauch war, ist das Versiegeln mit Schellack. Dafür brauchen wir Blätterschellack oder Schellack in bereits gelöster Form, eine Schutzbrille, Handschuhe, einen Pinsel, eine Schüssel und Kreppklebeband zum Abkleben. Nachdem wir das Band am Lenker angebracht haben, fixieren wir es und kleben die nicht umwickelten Flächen ab (Bild 1). Nun tragen wir mit dem Pinsel die erste Schicht Schellack auf, die gut von der Baumwolle aufgesogen werden sollte (Bild 2). Diese erste Schicht lassen wir mindestens acht Stunden lang trocknen (Bild 3), dann wiederholen wir das Prozedere weitere sechs bis acht Male, in Abständen von einer Stunde. Wenn wir damit fertig sind, lassen wir den Lenker zwei komplette Tage ruhen (Bild 4).

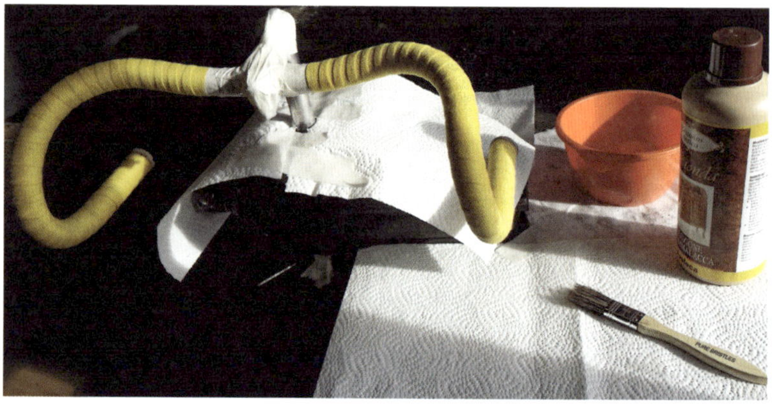

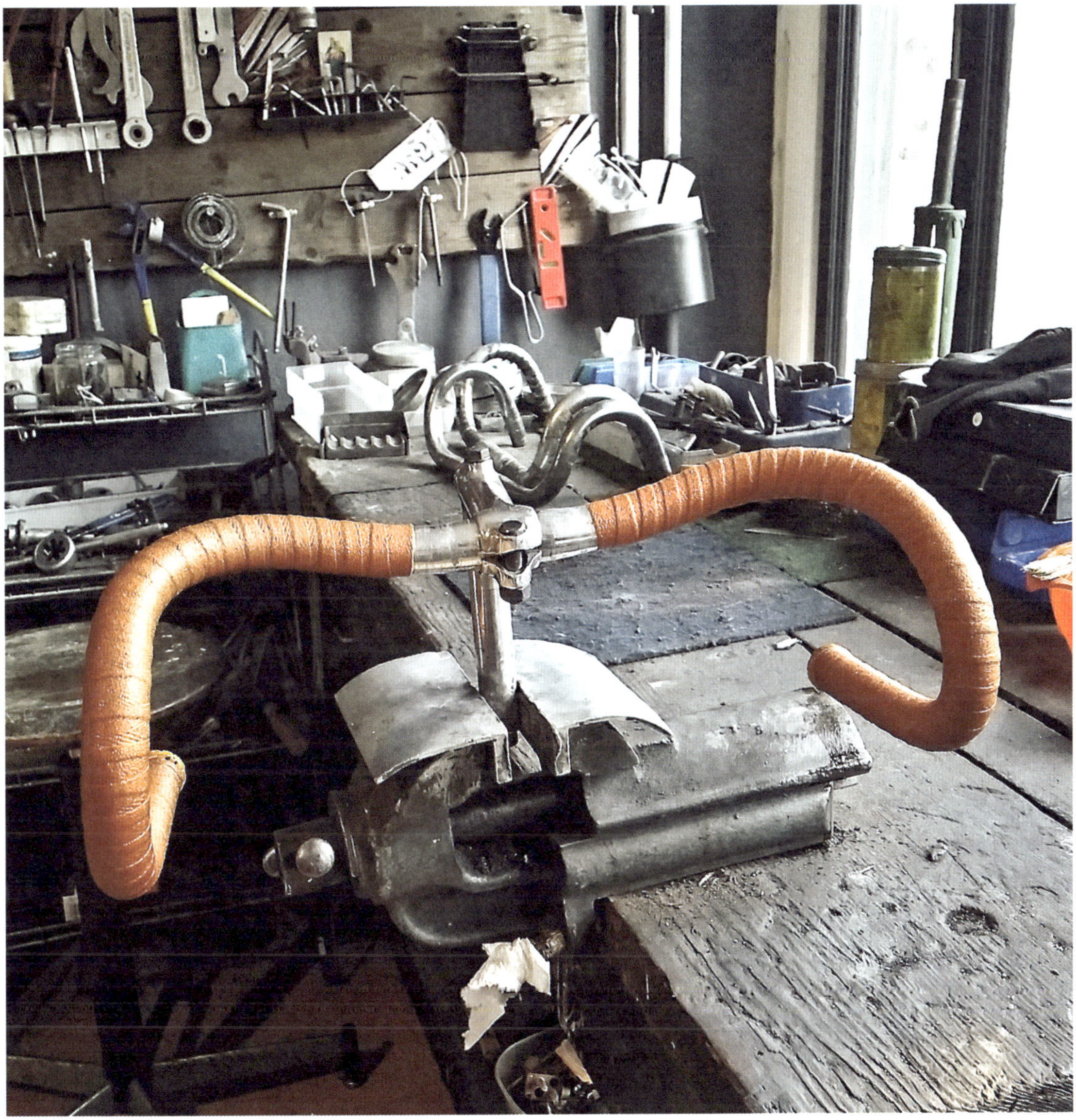

Stilmittel nicht beliebig einsetzen! Es eignet sich vor allem für die Restaurierung einer bestimmten Art von französischen Rädern, den Randonneurs, Halbrennern für mehrtägige Touren, die auch als »Reiserennräder« bezeichnet werden. In Japan, wo diese Art von Radsport heute noch weitverbreitet ist, wird die Lenkerversiegelung mit Schellack nach wie vor gern genutzt und sehr geschätzt wegen ihrer exzellenten Fixiereigenschaften und wegen der Schönheit, die sie dem Band verleiht, einer Eleganz, die der von Leder ähnelt.

Laufräder, Sattel und Lenker sind drei entscheidende Elemente eines Fahrrads – allesamt sorgfältig abzuwägen, wenn man ein altes Rad restauriert, aber vor allem nie eines ohne die anderen zu betrachten und stets historisch korrekt und ästhetisch reizvoll aufeinander abzustimmen. Obwohl die Farbvarianten bei den originalen Reifen, Lenkerbändern und Sätteln ziemlich begrenzt waren, haben wir auch bei einer konservativen Restaurierung eine gewisse Wahlfreiheit und also ein paar Möglichkeiten der Farbzusammenstellung.

Wenn es hingegen um eine kreative Restaurierung geht, verfügen wir heute über eine nahezu unbegrenzte Auswahl an Farbtönen.

Nun sind wir am Ende dieser Reise angelangt, deren Etappen uns eine faszinierende Kultur nähergebracht haben: die Welt der Fahrradrestaurierung. Nun müssen Sie alleine weitermachen. Aber jedes Mal, wenn Sie am Ende einer Restaurierung angekommen sind, werden Sie, wie auch immer das Ergebnis aussieht, froh darüber sein, sich die Hände dreckig gemacht und Ihre Seele gereinigt zu haben.

Die Wirkung der Schellackversiegelung auf verschiedenfarbige Lenkerbänder. Das Verfahren gibt dem Baumwollband eine luxuriöse, raffinierte und zugleich altmodische Anmutung. Achten Sie darauf, wie die Laufräder, der Lenker und der Sattel, also die drei Komponenten, die wir in diesem Kapitel vertieft haben, ganz allein das Rad »bekleiden« und die Aufmerksamkeit auf sich ziehen.

Die Originalausgabe dieses Buches erschien unter dem Titel
»Biciclette vintage. Guida alla scelta, al recupero e al restauro« bei
Mondadori Electa S.p.A., Mailand

www.mondadori.it

Text: Gianluca Zaghi
Übersetzung aus dem Italienischen: Michaela Heissenberger

Mit Beiträgen von: Helio Ascari, Luciano Berruti,
Giancarlo Brocci, Wesley Hatakeyama, Aldo Pacini,
Stelio Rossi, Greg Softley, Mike Wolfe

Buchgestaltung und Layout: Heartfelt.it
Lektorat der deutschsprachigen Ausgabe:
Carsten Wien / Schicke Mütze Düsseldorf, Rainer Sprehe
Druck & Bindung: Westermann Druck Zwickau GmbH

Bildnachweis
Alle Fotografien von © Gianluca Zaghi, mit Ausnahme von:
S. 8: Dario Garofalo (© Consorzio Chianti Classico)
S. 17: Claudio Bertarelli
S. 24, 25: © Heritage Cappelletti Family
S. 40: Jacques Dequeker
S. 41, 42: Patrick Farrell
S. 43: Patrick Farrell (Fahrrad); Jacques Dequeker (Helio Ascari)
S. 58, 59: Ferdinando Capecchi
S. 69: Paolo Martelli
S. 107: Tracey Hatakeyama
S. 152: Greg Softley
S. 206: Lisa Martini

Es wurde jede Anstrengung unternommen, die Inhaber aller
Bildrechte ausfindig zu machen; sollte dennoch unbeabsichtigt eine
Nennung fehlen oder fehlerhaft sein, bitten wir die betreffenden
Personen, Kontakt mit uns aufzunehmen, so dass die Angaben in
folgenden Ausgaben oder Druckauflagen ergänzt werden können.

Covadonga Verlag, Spindelstr. 58, D-33604 Bielefeld
ISBN (Print): 978-3-95726-033-8
3. Auflage, 2021

Bibliografische Information der Deutschen Nationalbibliothek:
Die Deutsche Nationalbibliothek verzeichnet diese Publikation
in der Deutschen Nationalbibliografie; detaillierte bibliografische
Daten sind im Internet über http://dnb.dnb.de abrufbar.

Covadonga ist der Verlag für Radsportliteratur.
Besuchen Sie uns im Internet: *www.covadonga.de*